合かく 80点

／

月　日

1　ひょうと　グラフ

[1人を　○　1こで　あらわします。]

1 ただしさんの　組では、すきな　くだものを　1人　1つ　かき、ならべて　みました。 教 上13ページ 1

100点

すきな　くだもの

① それぞれの　くだものを　えらんだ　人数を、下の　ひょうに　書きましょう。　50点(くだもの1つ10)

すきな　くだもの

くだもの	みかん	りんご	バナナ	ぶどう	いちご
人数(人)	5				

② それぞれの　くだものを　えらんだ　人数を、○を　つかって　グラフに　あらわしましょう。　50点(くだもの1つ10)

すきな　くだもの

○				
○				
○				
○				
○				
みかん	りんご	バナナ	ぶどう	いちご

グラフに　あらわすと、
多いか　少ないか
一目で　わかりますね。

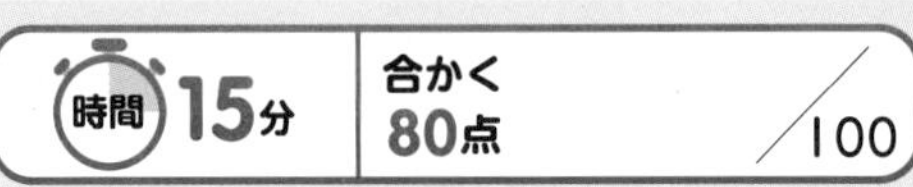

月　日

1　ひょうと　グラフ　……(2)

[1本を　○　1こで　あらわします。]

1 みち子さんは　かだんに　さいている　チューリップの　色を　しらべて、ひょうに　書きました。 教 上14〜17ページ　100点

チューリップの　色

色	赤	白	黄	ピンク
本数(本)	6	4	5	3

① チューリップの　色の　本数を、○を　つかって　グラフに　あらわしましょう。　60点(色1つ15)

チューリップの　色

○			
○			
○			
○			
○			
○			
赤	白	黄	ピンク

② いちばん　多い　色は　どれですか。また、何本ですか。　20点(1つ10)

(　　　　)で　(　　)本。

③ 赤と　ピンクとでは、どちらが何本多いですか。　20点(1つ10)

(　　　　)が　(　　)本　多い。

グラフに　あらわすと、数の　ちがいが　一目で　わかりますね。

教科書 上14〜17ページ

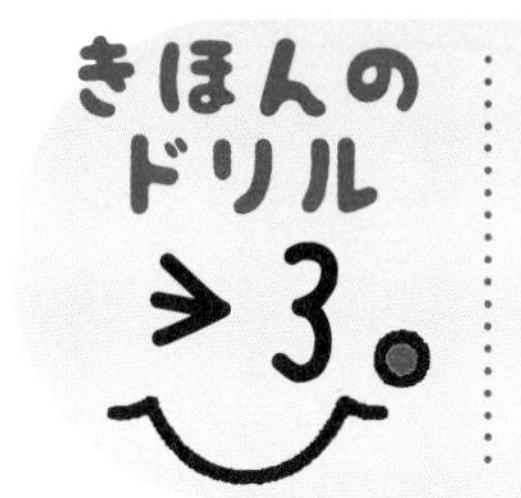

合かく 80点 ／100

答え 81ページ

2 時こくと 時間(1)

① 時こくと 時間

[1時間＝60分間です。みじかい はりで 何時、長い はりで 何分を 読みます。]

1 何時何分でしょうか。 教 上20～21ページ1❶ 60点(1つ10)

① 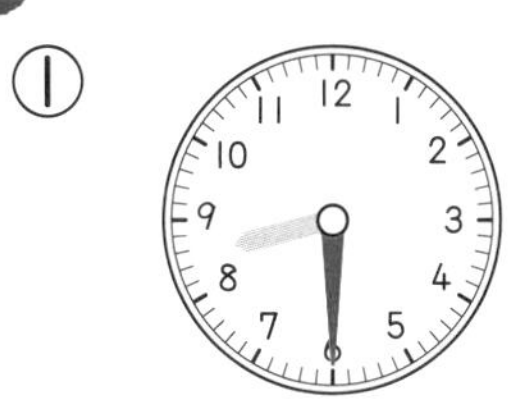 (8時30分)

②  (2時)

③  (　　　　)

④  (　　　　)

⑤  (　　　　)

⑥  (　　　　)

2 つぎの あの 時こくから いの 時こくまでの 時間を もとめます。□に あてはまる 数を 書きましょう。 教 上20～23ページ1❸、❹

40点(1つ10)

① 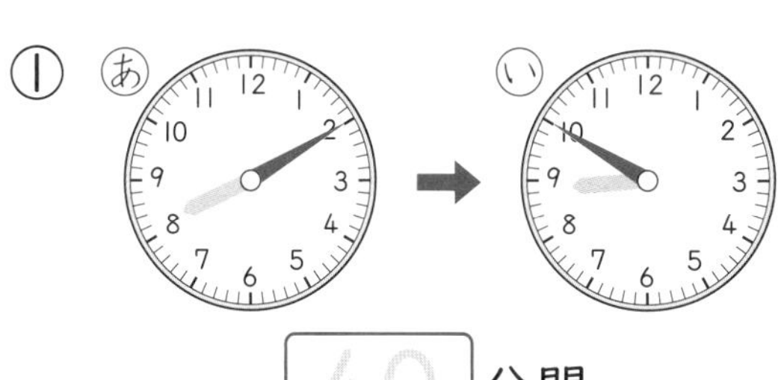

40 分間

② 

□ 分間

③ 

□ 分間

④ 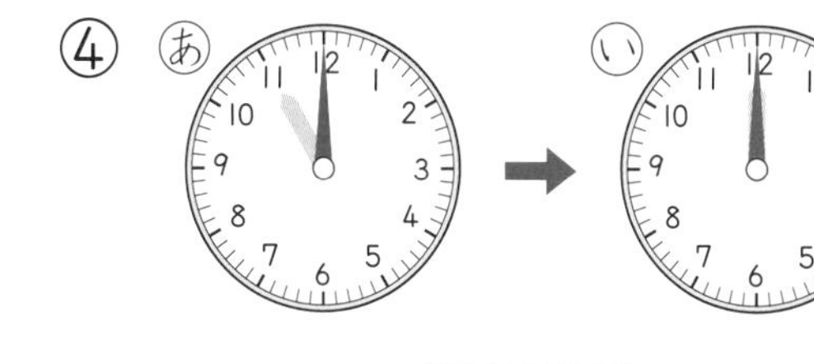

□ 分間

時間 15分 合かく 80点 /100

月　日

サクッとこたえあわせ 答え 81ページ

2 時こくと　時間(1)

② 1日の　時間

[1日は　午前と　午後に　分ける　ことが　できます。1日は　24時間です。]

1 つぎの　時こくを、午前、午後を　つかって　書きましょう。

教 上24〜25ページ 1　40点(1つ10)

① 朝、学校へ　つく　時こく　② 夜ごはんの　時こく

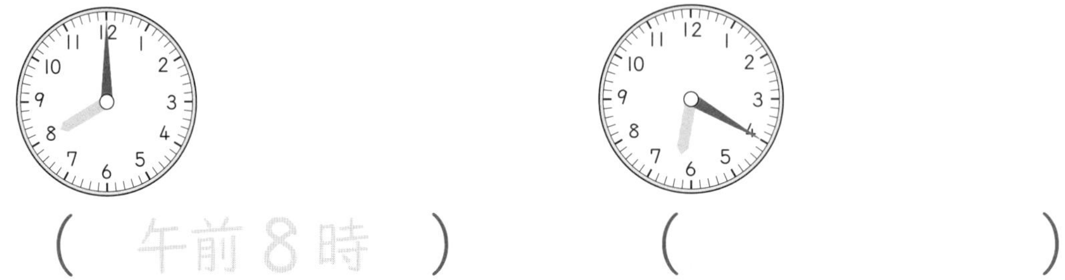

(　午前8時　)　(　　　)

③ 学校に　いる　時こく　④ 学校を　出る　時こく

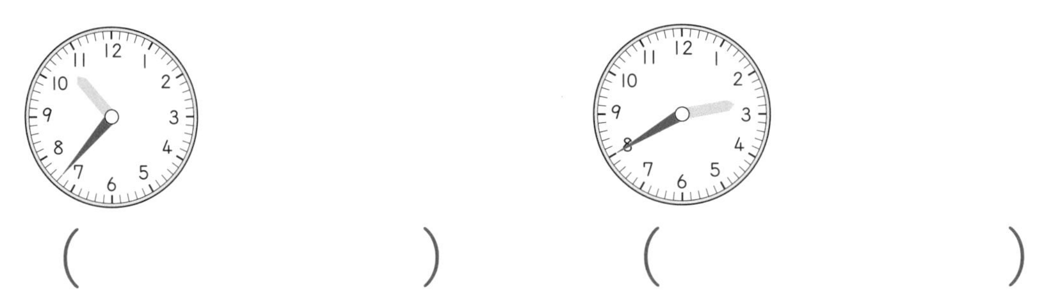

(　　　)　(　　　)

2 つぎの □ に　あてはまる　ことばや　数を　書きましょう。

教 上24〜25ページ 1　40点(1つ10)

① 1日＝□時間です。　② 午前は □時間です。

③ 午前0時は、□12時とも　いいます。

④ 時計の　みじかい　はりは、1日に□回　まわります。

3 午前9時から　午後1時まで　あそびました。何時間　あそんでいたでしょうか。　教 上26ページ 1　20点

(　　　)

合かく 80点 / 100

月　日

3　2けたの　たし算と　ひき算

①　たし算

[2けたの　たし算の　しかたを　考えます。]

1 ともやさんが　13こ、まやさんが　25こ　チョコレートを　もって　います。チョコレートは、ぜんぶで　何こ　ありますか。

教 上31～33ページ 1　100点(①ぜんぶ　できて　25、②□1つ15)

① チョコレート　ぜんぶの　数を　もとめる　しきを　書きます。□に　あてはまる　数を　書きましょう。

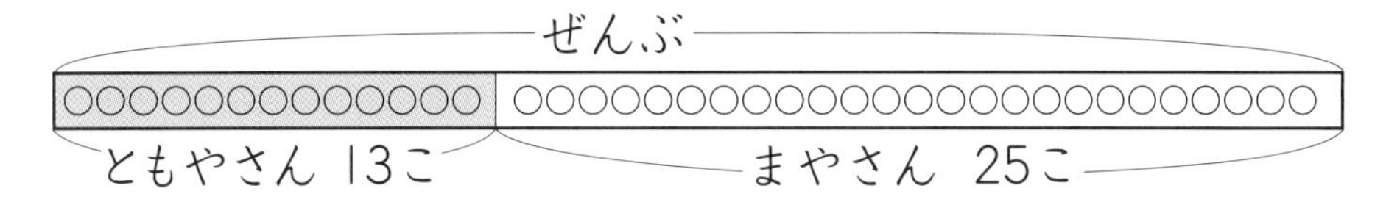

しき　[13] + [25]

② ①の　計算の　しかたを　書きます。□に　あてはまる　数を　書いて、答えを　もとめましょう。

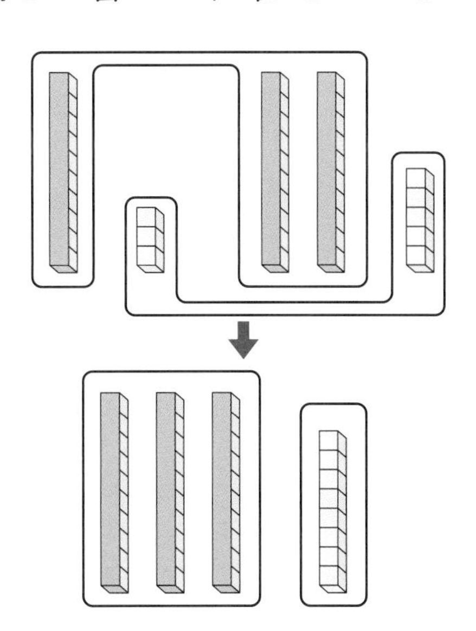

ブロック□を　つかって、13や　25を　ならべる。

10の　まとまりが　[ア]　こと、

ばらが　[イ]　こで、[ウ]。

$$\overset{3}{\overline{1\;3+2}}\,5 = [エ]$$

(13+25= [エ]　上に 3、下に 8)

答え　[オ]　こ

教科書 上30～33ページ

時間 15分 合かく 80点 /100

月 日

3 2けたの たし算と ひき算
② ひき算

[2けたの ひき算の しかたを 考えます。]

1 けんたさんは あめを 36こ もっています。そのうち、12こを ゆりさんに あげました。あめは、何こ のこっていますか。

教 上34～36ページ 1 100点(①ぜんぶ できて 30、②□1つ10)

① のこった あめの 数を もとめる しきを 書きます。□に あてはまる 数を 書きましょう。

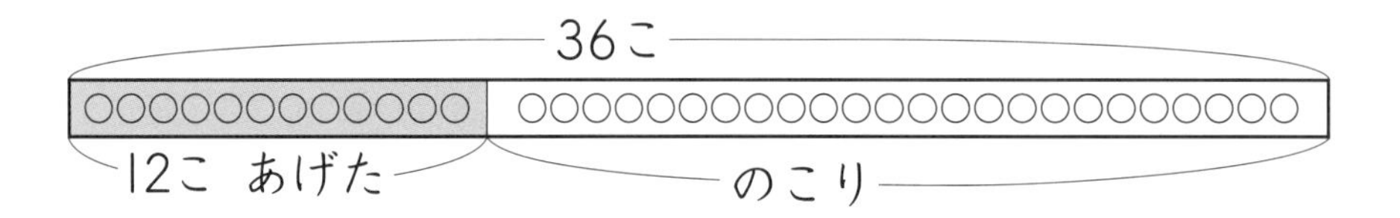

しき □ － □

② ①の 計算の しかたを 書きます。□に あてはまる 数を 書いて、答えを もとめましょう。

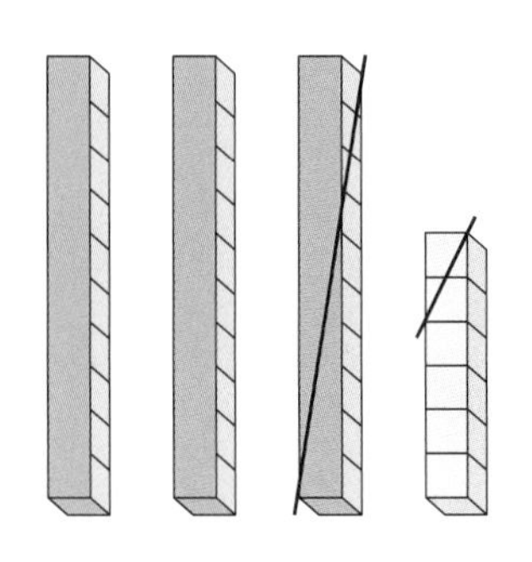

36を 30と ㋐□ に 分けます。

12を 10と ㋑□ に 分けます。

30－10＝20 6－2＝㋒□。

20と ㋓□ を たして ㋔□。

36－12＝㋕□ (36の上に2、12の下に4)

答え ㋖□ こ

合かく 80点　／100

月　日

4 たし算の　ひっ算
① 2けたの　たし算 ……(1)

[2けたの　たし算の　ひっ算は、同じ　くらいの　数を　たします。]

■ 14+35の　ひっ算の　しかた

```
  1 4        1 4
+ 3 5  →   + 3 5
            [4][9]
```

たてに　くらいを
そろえて　書く。

1+3=4　4+5=9

一のくらいどうし、
十のくらいどうしを
計算するよ。

1 つぎの　ひっ算を　しましょう。（教 上39～40ページ 1、40ページ ▶）

60点(1つ10)

① $\begin{array}{r} 21 \\ +\ 64 \\ \hline \end{array}$　② $\begin{array}{r} 52 \\ +\ 17 \\ \hline \end{array}$　③ $\begin{array}{r} 23 \\ +\ 35 \\ \hline \end{array}$

④ $\begin{array}{r} 16 \\ +\ 83 \\ \hline \end{array}$　⑤ $\begin{array}{r} 44 \\ +\ 32 \\ \hline \end{array}$　⑥ $\begin{array}{r} 65 \\ +\ \ 4 \\ \hline \end{array}$

2 つぎの　計算を　ひっ算で　しましょう。（教 上40ページ ▶、41ページ 2、▶）

40点(1つ10)

① 61+18

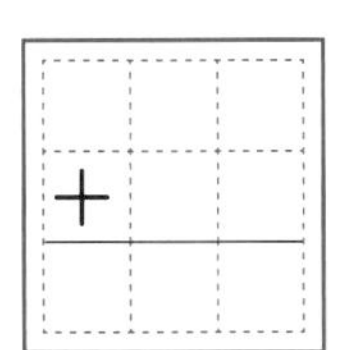

② 25+32

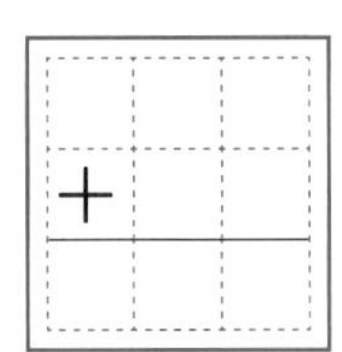

③ 50+43

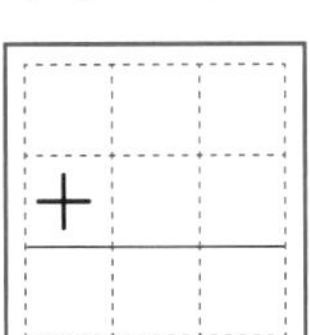

④ 3+42

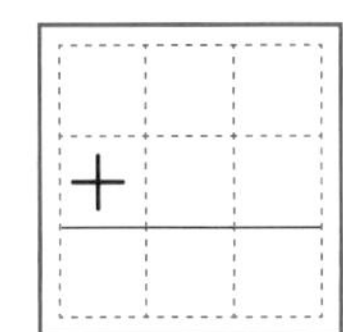

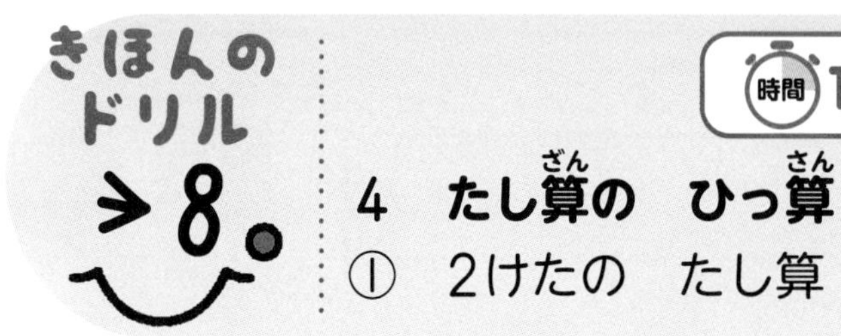

合かく 80点　　/100

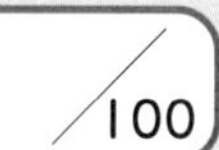

月　日

4 たし算(ざん)の ひっ算(さん)

① 2けたの たし算 ……(2)

[一のくらいから じゅんに 計算(けいさん)し、くり上(あ)がりを わすれないように します。]

■45+37の ひっ算の しかた

一のくらい　　十のくらい

```
  4 5        4 5        4 5
+ 3 7   ➡  + 3 7   ➡  + 3 7
              1          1
              □ 2        8 2
```

くり上がり

5+7=12　　4+3+1=8

たてに くらいを そろえて 書(か)く。

1 つぎの ひっ算を しましょう。 教 上42〜43ページ3、44ページ1

40点(1つ10)

①
```
  1 3
+ 2 8
```

②
```
  5 6
+ 3 6
```

③
```
  2 5
+ 4 9
```

④
```
  6 2
+ 1 9
```

2 つぎの 計算を ひっ算で しましょう。 教 上44ページ2、45ページ1

60点(1つ10)

① 18+25

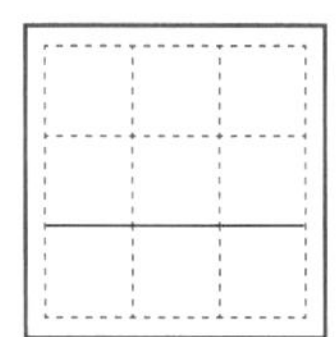

② 36+47

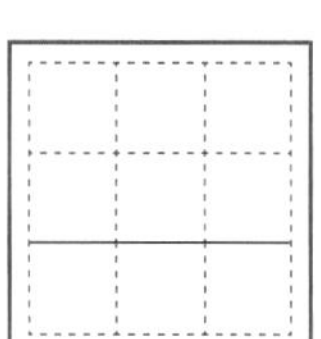

③ 65+25

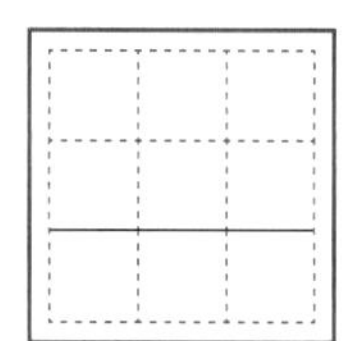

④ 43+27

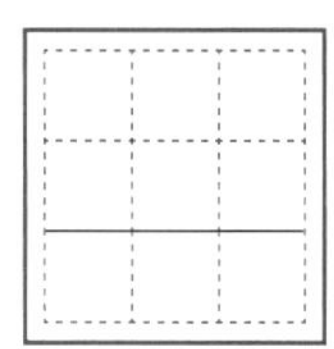

⑤ 38+4

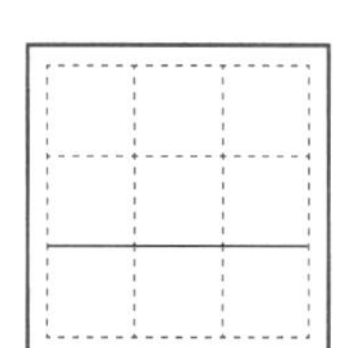

⑥ 9+68

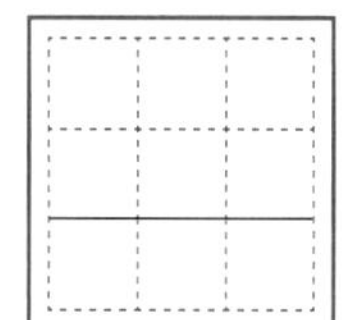

きほんのドリル 9。

合かく 80点　／100

月　日

4 たし算(ざん)の ひっ算(さん)

② たし算の きまり

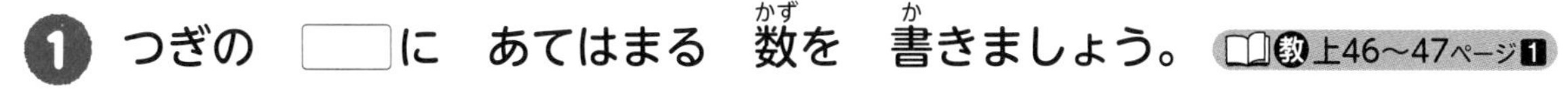
[たし算では、たす じゅんじょを かえて 計算(けいさん)することが できます。]

1 つぎの □に あてはまる 数(かず)を 書(か)きましょう。 教 上46〜47ページ1

30点(□1つ10)

12+14=㋐□　　14+12=㋑□

だから、12+14=㋒[14]+12

たし算では、たされる数と たす数を 入れかえても、答(こた)えは 同(おな)じだね。

[45+(2+8) の たし算では、(2+8) を さきに 計算します。]

2 45+2+8 の 計算を、たす じゅんじょを かえて 計算しましょう。

教 上48ページ2　30点(□1つ5)

① 45+2+8 を じゅんに 計算しましょう。

45+2=㋐[47]

㋑[47]+8=㋒□

② 45+(2+8)と 考(かんが)えて、計算しましょう。

2+8=㋐[10]

45+㋑[10]=㋒□

3 つぎの 計算を くふうして します。□に あてはまる 数を 書きましょう。 教 上48ページ▶1

40点(□1つ5)

① 39+13+7 ⇨ 13+㋐□を さきに 計算します。

39+(13+㋑□)=39+㋒□=㋓□

② 8+43+32 ⇨ じゅんじょを 入れかえて、43+8+㋐□

8+㋑□を さきに 計算します。

43+(8+32)=43+㋒□=㋓□

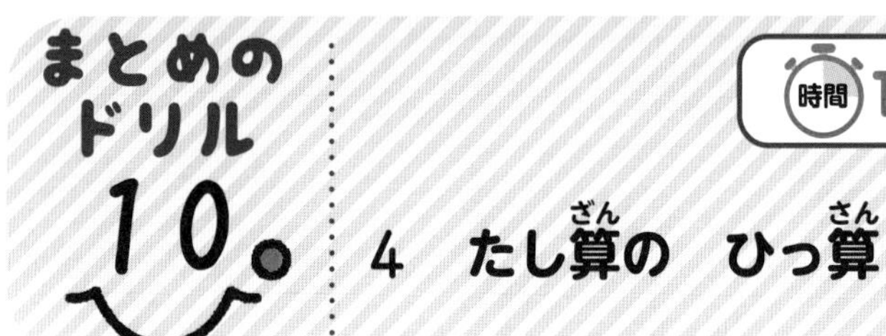

まとめのドリル 10

4 たし算の ひっ算

時間 15分

合かく 80点　／100

月　　日

1 つぎの ひっ算を しましょう。　60点(1つ10)

① $\begin{array}{r} 36 \\ +\ 52 \\ \hline \end{array}$　② $\begin{array}{r} 48 \\ +\ 21 \\ \hline \end{array}$　③ $\begin{array}{r} 64 \\ +\ 30 \\ \hline \end{array}$

④ $\begin{array}{r} 26 \\ +\ 47 \\ \hline \end{array}$　⑤ $\begin{array}{r} 69 \\ +\ 15 \\ \hline \end{array}$　⑥ $\begin{array}{r} 78 \\ +\ \ 9 \\ \hline \end{array}$

2 つぎの 計算(けいさん)を ひっ算で しましょう。　30点(1つ10)

① 72+8　② 64+32　③ 16+36

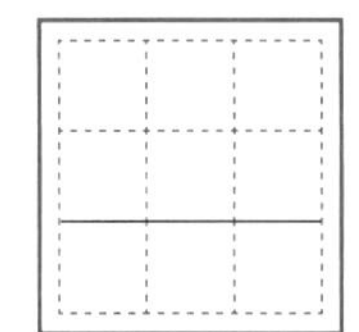
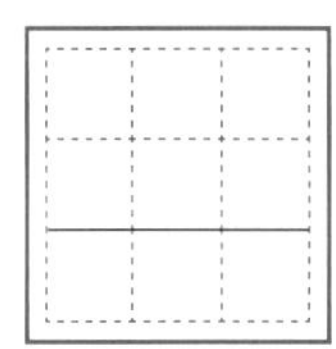
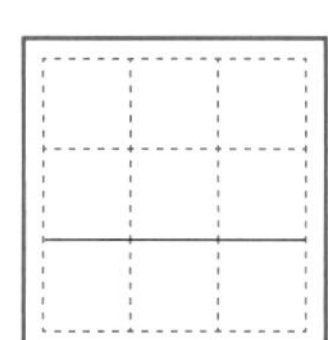

3 つぎの ひっ算の まちがいを 見つけ、正しい 計算を ➡の 右に 書(か)きましょう。　10点(1つ5)

① $\begin{array}{r} 38 \\ +\ 24 \\ \hline 52 \end{array}$ ➡ ＋______

② $\begin{array}{r} 3 \\ +\ 52 \\ \hline 82 \end{array}$ ➡ ＋______

教科書 上38〜51ページ

合かく 80点 ／100

月　日

5 ひき算の　ひっ算

① 2けたの　ひき算 ……(1)

[2けたの　ひき算の　ひっ算は、同じ　くらいの　数を　計算します。]

■ 47−26の　ひっ算の　しかた

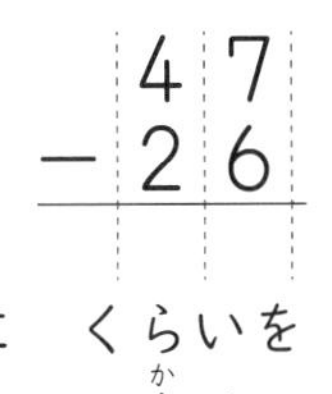

　　47
−　26

たてに　くらいを　そろえて　書く。

➡

　　47
−　26
　　21

4−2=2　7−6=1

一のくらいどうし、十のくらいどうしを計算しましょう。

1 つぎの　ひっ算を　しましょう。 教 上53ページ1、54ページ▶ 60点(1つ10)

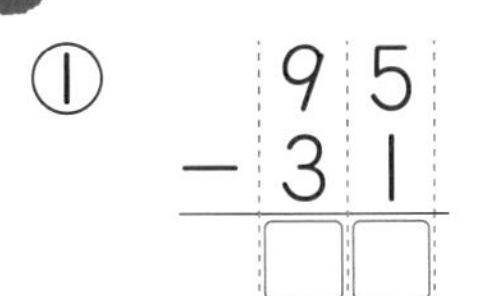

① 95−31

② 78−56

③ 26−13

④ 59−25

⑤ 67−35

⑥ 38−17

2 つぎの　計算を　ひっ算で　しましょう。 教 上55ページ2、▶1、▶2 40点(1つ10)

① 63−40

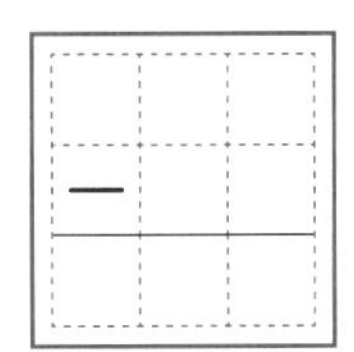

② 77−27

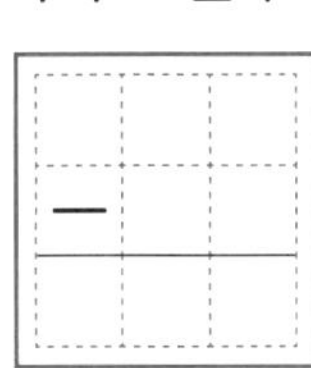

③ 89−7

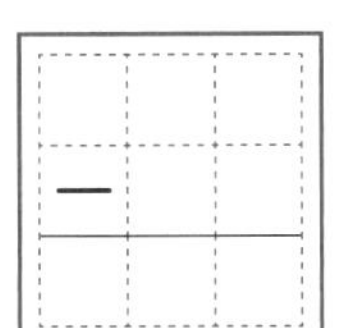

④ 56−54

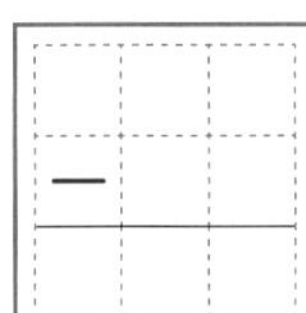

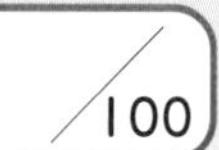

合かく 80点　／100

月　日

5 ひき算(ざん)の　ひっ算(さん)
① 2けたの　ひき算 ……(2)

[一のくらいから　じゅんに　計算(けいさん)し、くり下(さ)がりを　わすれないように　します。]

■54−38の　ひっ算の　しかた

一のくらい　　**十のくらい**

		➡	4 10 ←くり下げる		➡	4 10
	5 4		5 4			5 4
−	3 8		− 3 8			− 3 8
			□ 6			1 6

たてに　くらいを　そろえて　書(か)く。

14−8=6

4−3=1

十のくらいは　1　くり下げたので、4−3を　計算するよ。

1 つぎの　ひっ算を　しましょう。 教 上56〜57ページ 3、▶　40点(1つ10)

① 63 − 25 = □□

② 91 − 42 = □□

③ 37 − 19 = □□

④ 53 − 29 = □□

2 つぎの　計算を　ひっ算で　しましょう。 教 上58ページ 4、▶、2▶、3▶

60点(1つ10)

① 70−27

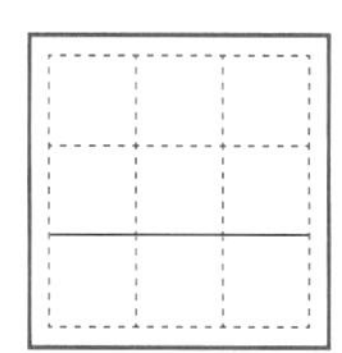

② 30−17

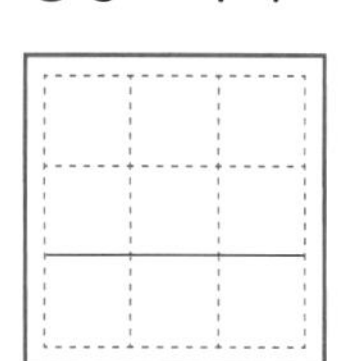

③ 53−46

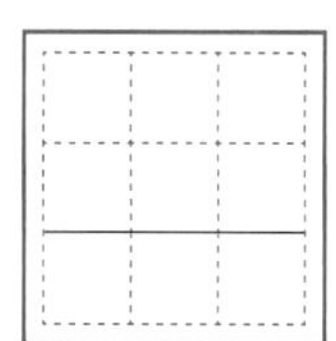

④ 90−25

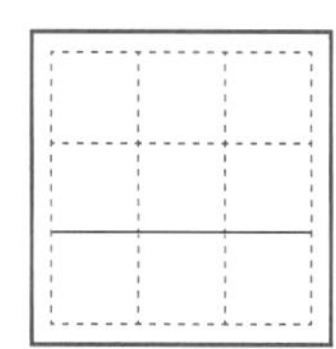

⑤ 22−13

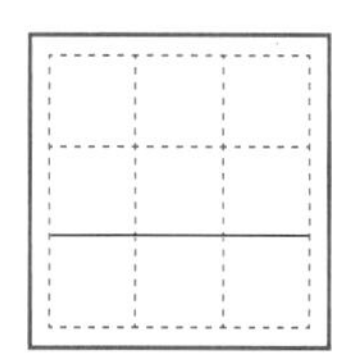

⑥ 52−6

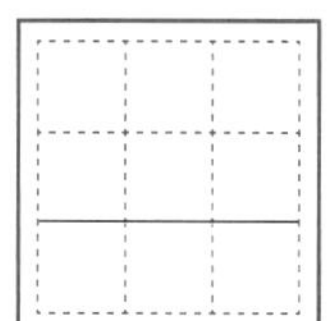

きほんのドリル 13。

時間 15分　合かく 80点　/100

5 ひき算の　ひっ算
② たし算と　ひき算の　かんけい

[ひき算の　答えの　たしかめは、(答え)+(ひく数)=(ひかれる数) と　します。]

1 はがきが　35まい　あります。ともだちに　22まい　出しました。つかっていない　はがきは、何まい　のこっていますか。 教 上59ページ 1

40点(しき15・答え5)

① 答えを　もとめましょう。

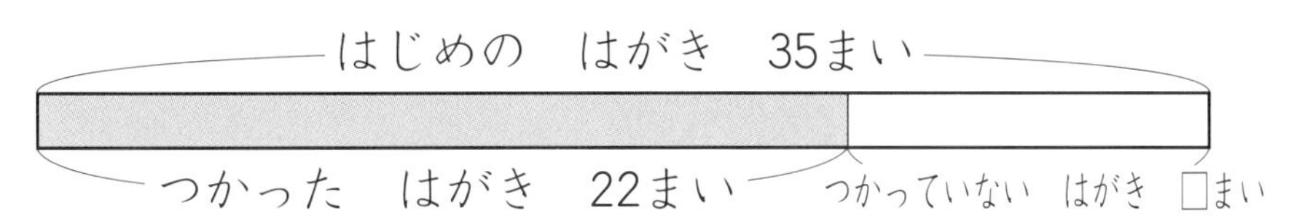

しき　35　−　22　=　13　　答え（13まい）

ひかれる数　ひく数　答え

② つかっていない　はがきと　つかった　はがきを　合わせると、何まいに　なりますか。

しき　13　+　22　=　□　　答え（　　　）

①の　答え　ひく数　①の　ひかれる数

2 つぎの　計算を　しましょう。また、答えの　たしかめも　しましょう。

教 上60ページ 1、2　60点(計算10・たしかめ10)

① 48−16

$$\begin{array}{r} 48 \\ -\ 16 \\ \hline 32 \end{array}$$

② 36−29

$$\begin{array}{r} 36 \\ -\ 29 \\ \hline \end{array}$$

③ 40−8

$$\begin{array}{r} 40 \\ -\ \ 8 \\ \hline \end{array}$$

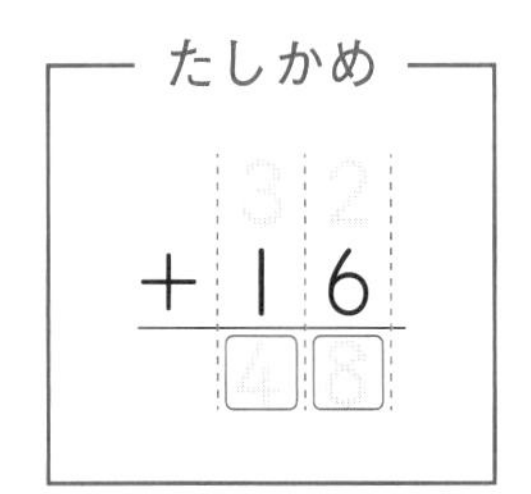

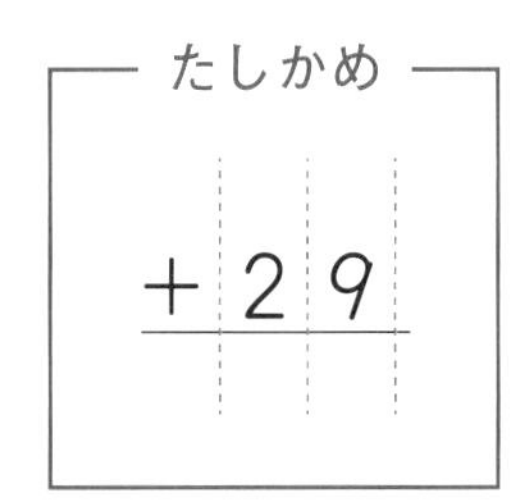

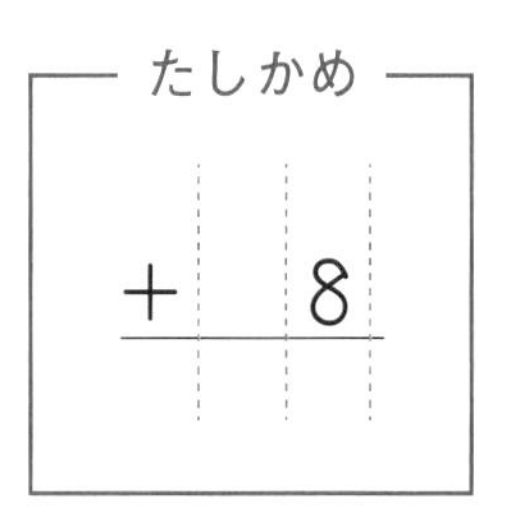

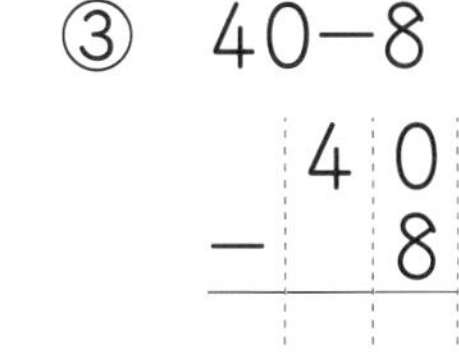

5 ひき算の　ひっ算

1 つぎの　ひっ算を　しましょう。　30点(1つ10)

① 87 − 34

② 54 − 37

③ 72 − 63

2 つぎの　計算を　ひっ算で　しましょう。　30点(1つ10)

① 66−25

② 74−19

③ 50−26

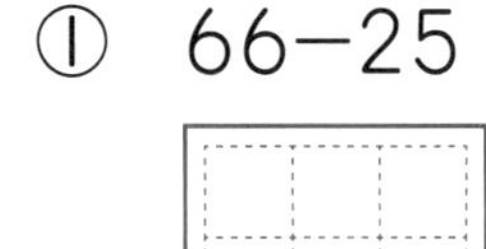

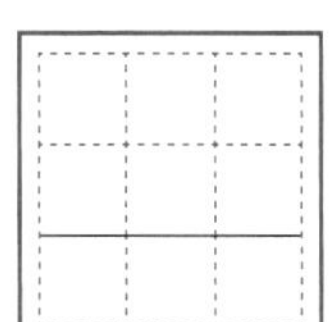

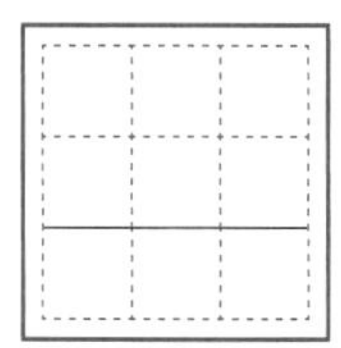

3 みよ子さんは、本を　56さつ　もっています。ともだちに　18さつ　かしました。のこっている　本は　何さつですか。

10点(しき7・答え3)

しき（　　　　　　　　　　）

答え（　　　　　）

4 つぎの　計算を　しましょう。また、答えの　たしかめも　しましょう。

30点(計算10・たしかめ5)

① 54−13

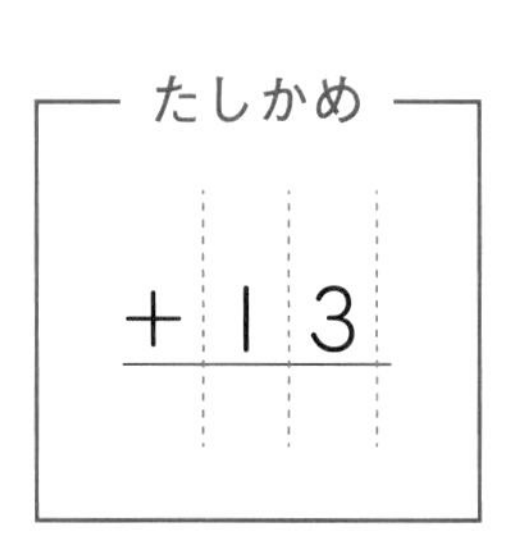

② 74−28

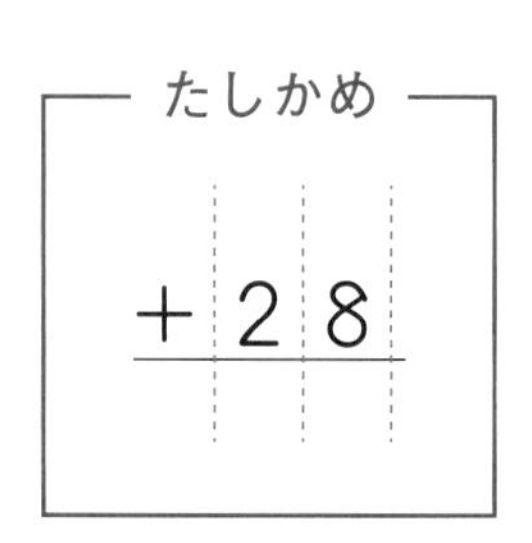

時間 15分　合かく 80点　/100　月　日

答え 84ページ　サクッとこたえあわせ

6 長さ(1)
① 長さの　くらべ方
② 長さの　あらわし方　……(1)

[工作用紙の　ますを　つかって、何cmの　長さかを　はかります。]

1 本の　しおりと　図書かんの　カードを　右のように工作用紙の　上に　のせました。 教 上67ページ2

70点(( )1つ10)

① たてと　よこの　長さは、それぞれ　何ます分ですか。

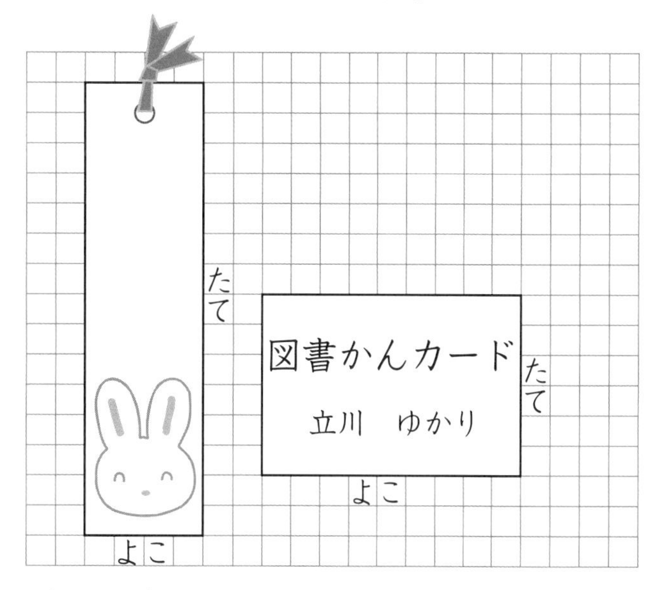

本の　しおり　たて(15)ます分　よこ(　　)ます分

図書かんの　カード　たて(　　)ます分　よこ(9)ます分

② たてどうしでは、どちらが　何ます分　長いですか。

しき (　　　　　　　　)

答え (　　　　　　)が (　　)ます分　長い。

2 1目もり分の　長さは　1cmです。 教 上68ページ1、▶　30点(1つ15)

① えんぴつの　長さは　何cmですか。

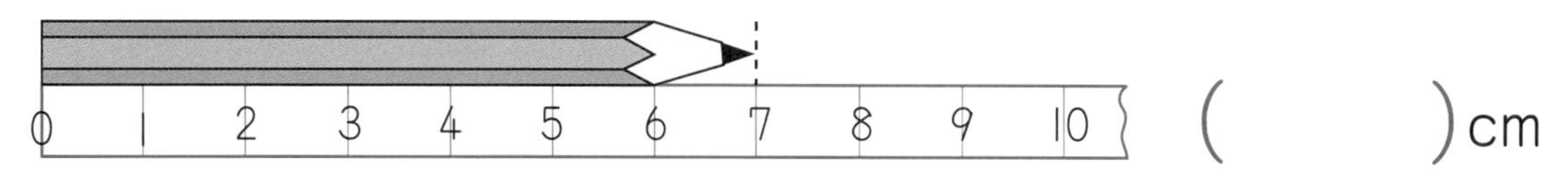

(　　　)cm

② テープの　長さは　何cmですか。

0 1 2 3 4 5 6 7 8 9 10

(　　　)cm

時間 15分　合かく 80点　／100

月　日

答え 84ページ

6 長さ(1)
② 長さの　あらわし方　……(2)

[長さを　はかる　たんいに　cm、mm が　あります。1cm=10mm です。]

1 つぎの　長さを　はかりましょう。　教 上70〜71ページ 2　30点(□1つ10)

① 5 cm

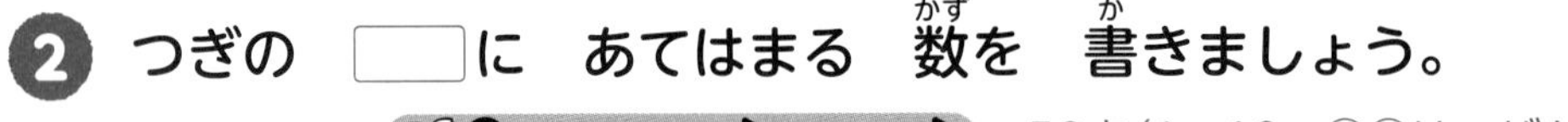

② 6 cm 5 mm

2 つぎの □ に　あてはまる　数を　書きましょう。
教 上72ページ 3、▶、73ページ ▶　50点(1つ10、④⑤は　ぜんぶ　できて　10)

① 8cm=□mm　② 2cm5mm=□mm

③ 6cm9mm=□mm

④ 1mm が 23 こで
□mm=□cm□mm

⑤ 95mm=□cm□mm

②では、
2cm=20mm
を　はしたの
5mm と　合わせましょう。

3 つぎの　㋐、㋑では、どちらが　長いですか。　教 上73ページ ▶
20点(1つ10)

① ㋐ 6cm2mm　㋑ 5cm7mm　(　　)

② ㋐ 84mm　㋑ 8cm5mm　(　　)

きほんのドリル 17。

時間 15分　合かく 80点　/100　　月　日

サクッとこたえあわせ　答え 84ページ

6 長さ(1)
③ 長さの 計算

[長さの たし算や ひき算は、同じ たんいどうしを 計算します。]

1 ㋐と ㋑の 2本の 紙テープが あります。のりしろを とらないで 合わせると、長さは どれだけですか。

教 上74～75ページ 1 ❶ ❷　30点(しき20・答え10)

㋐ 8cm5mm
㋑ 6cm

しき　[8] cm [5] mm＋[6] cm＝[14] cm [5] mm

答え　[　] cm [　] mm

2 7cm1mm の ひもと 4cm の ひもが あります。長さの ちがいは どれだけですか。 教 上75ページ 1 ❸　30点(しき20・答え10)

7cm1mm
4cm　□cm□mm

しき　7cm1mm－[　] cm＝[　] cm [　] mm

答え　[　] cm [　] mm

⚠ミスにちゅうい！

3 つぎの 計算を しましょう。 教 上75ページ 2　40点(ぜんぶ できて 1つ10)

① 4cm3mm＋7cm＝[　] cm [　] mm

② 9cm3mm＋7cm5mm＝[　] cm [　] mm

③ 25cm4mm－8cm＝[　] cm [　] mm

④ 13cm4mm－6cm＝[　] cm [　] mm

cmの ところと mmの ところを 分けて 計算すれば いいよ。

7 たし算と ひき算(1) ……(1)

[わかっていること、たずねられていることを 考えて、図に あらわします。]

1 赤い おはじきが 36こ、青い おはじきが 17こ あります。おはじきは、ぜんぶで 何こ ありますか。 教上79ページ1

35点(□1つ5・しき15・答え5)

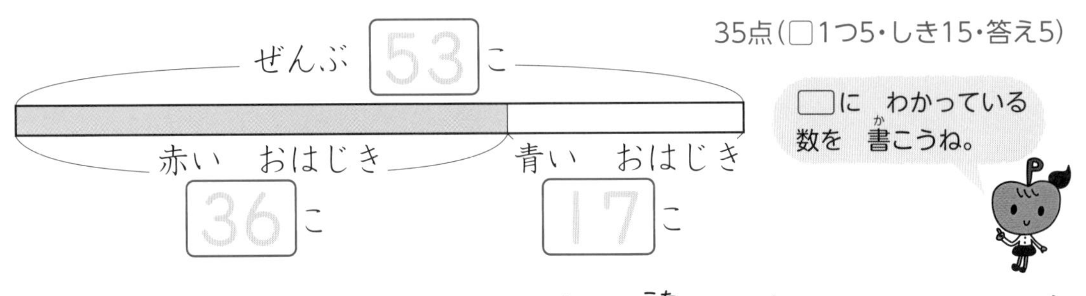

しき (36+17=53) 答え ( )

2 とも子さんは、28円 もっています。おつかいの おれいとして 50円 もらいました。ぜんぶで 78円に なりました。このことを、図に あらわしましょう。 教上80ページ▶1、▶2

30点(□1つ10)

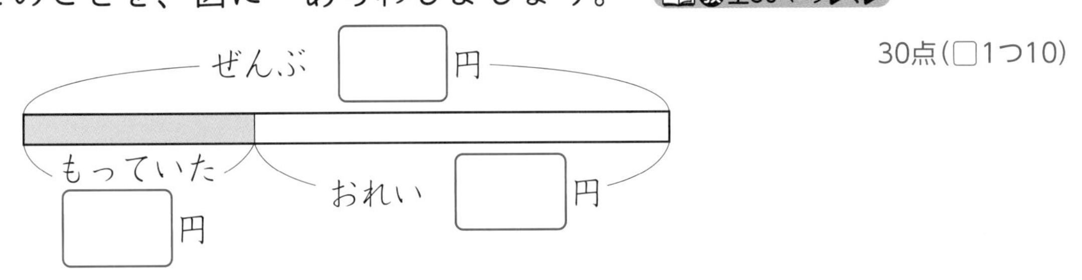

よくよんで!

3 色紙が 47まい あります。18まい つかいました。色紙の のこりは 何まいですか。 教上81ページ2、▶1 35点(□1つ5・しき15・答え10)

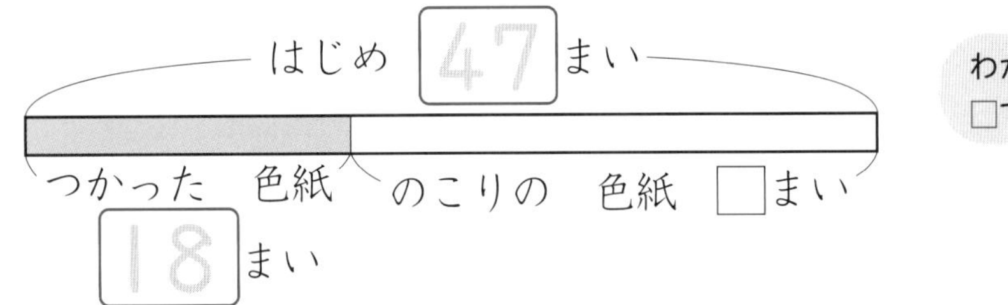

しき ( ) 答え ( )

合かく 80点 /100

月　日

7　たし算と　ひき算(1)　……(2)

[図を　見て、たし算と　ひき算の　どちらを　つかうかを　考えます。]

1 ひろしさんの　クラスは、赤組と　白組に　分かれて　玉入れを　しました。赤組は　44 こ、白組は　35 こ　入りました。 教 上82ページ3

40点(□1つ5・①しき15・答え5、②10)

赤組 44 こ
白組 35 こ
ちがい □こ

① ちがいは　何こですか。

しき (　44－35＝9　)

答え (　　　　)

② 赤組は、白組より　何こ　多いですか。

(　　　　)

2 1組は　32 人です。2組は、1組より　4 人　少ないです。2組は　何人ですか。 教 上83ページ1、2

30点(□1つ5・しき15・答え5)

1組 32 人
2組 □人
4 人 少ない

しき (　　　　)　答え (　　　　)

3 たけしさんの　クラスで　ゲームの　せつめい会が　ありました。28 きゃくの　いすに　1 人ずつ　すわり、立っている人は　16 人　いました。
せつめい会に　さんかした人は、ぜんぶで　何人ですか。

いす　28きゃく
すわった 28 人
立った 16 人
ぜんぶ □人

教 上84ページ4　30点(□1つ5・しき15・答え5)

しき (　　　　)　答え (　　　　)

合かく 80点 ／100

月　日

8　1000までの　数(かず)
①　100より　大きい　数　……(1)

[100の　たば、10の　たば、1の　ばらが　いくつずつ　あるかを　考(かんが)えます。]

1 □は、ぜんぶで　何(なん)こ　ありますか。数字(すうじ)で　書(か)きましょう。

教 上87～89ページ 1、▶　15点

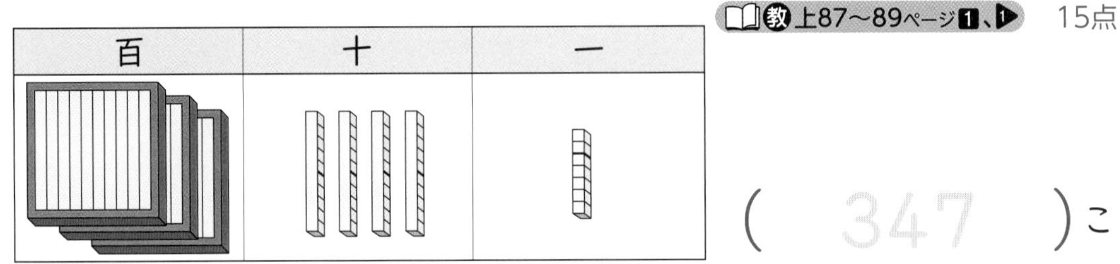

(　347　)こ

2 えんぴつは　何本　あるでしょうか。数字で　書きましょう。

教 上87～89ページ 1、▶　15点

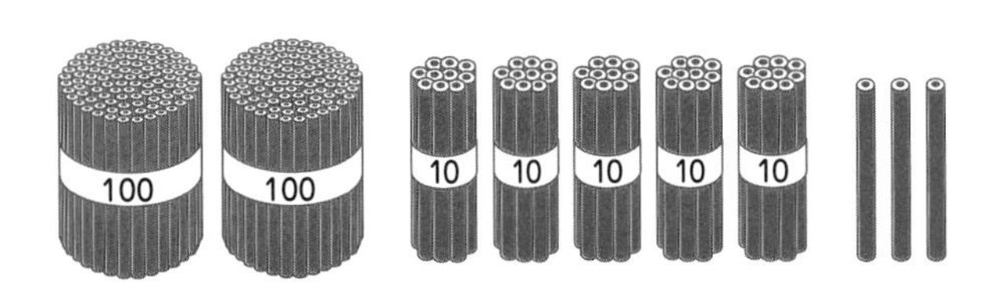

(　　　　)本

3 つぎの　数を　読(よ)みましょう。　教 上90ページ 2　40点(1つ10)

①　124　(　百二十四　)　②　685　(　　　　)

③　311　(　　　　)　④　777　(　　　　)

4 つぎの　数を　数字で　書きましょう。　教 上90ページ 3　30点(1つ10)

①　800と　20と　6を　合(あ)わせた　数。

(　　　　)

②　100を　7こ、10を　5こ、1を　3こ　合わせた　数。

(　　　　)

③　100を　5こ、10を　1こ、1を　8こ　合わせた　数。

(　　　　)

時間 15分 合かく 80点 /100

月　日

サクッとこたえあわせ
答え 85ページ

8 1000までの 数（かず）
① 100より 大きい 数 ……(2)

[十のくらいや 一のくらいに 何（なに）も ない ときは、0と 書（か）きます。]

1 □は、ぜんぶで 何（なん）こ ありますか。数字（すうじ）で 書きましょう。

教 上90ページ2、91ページ1　60点(ぜんぶ できて 1つ20)

①

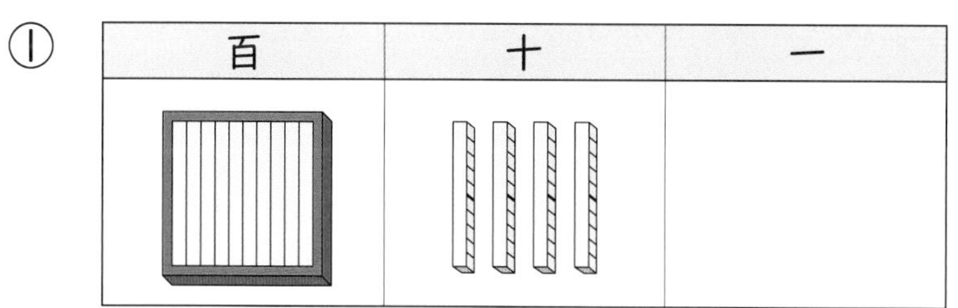

百のくらい	十のくらい	一のくらい
1	4	0

(140)こ

②

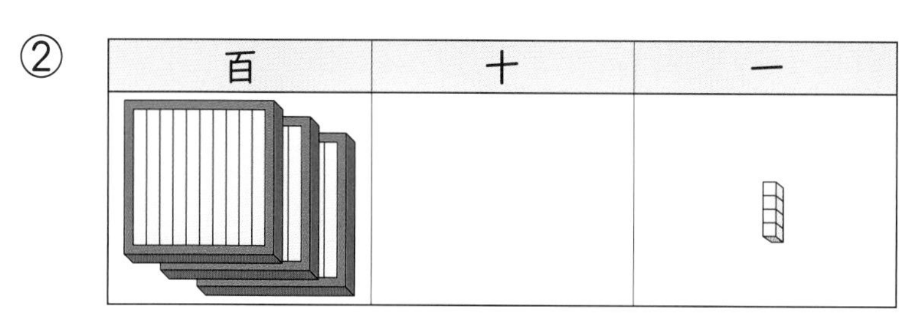

百のくらい	十のくらい	一のくらい

(　　　)こ

③

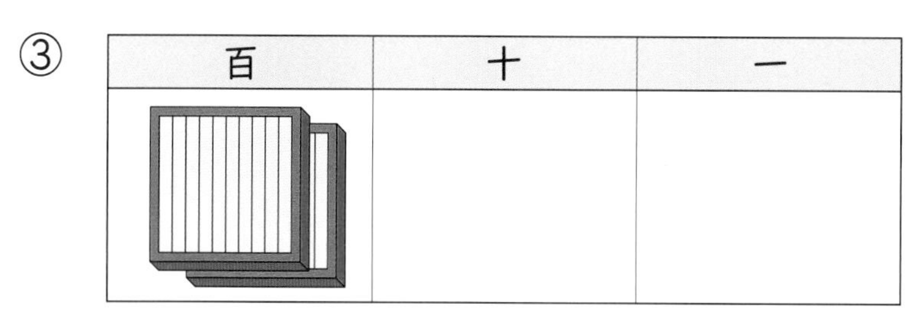

百のくらい	十のくらい	一のくらい

(　　　)こ

2 つぎの 数を 読（よ）みましょう。 教 上91ページ2　20点(1つ5)

① 650 (　　　)　② 190 (　　　)

③ 302 (　　　)　④ 700 (　　　)

ミスにちゅうい！

3 つぎの 数を 数字で 書きましょう。 教 上91ページ3　20点(1つ5)

① 六百五十 (　　　)　② 百三十 (　　　)

③ 二百五 (　　　)　④ 八百 (　　　)

きほんのドリル 22。

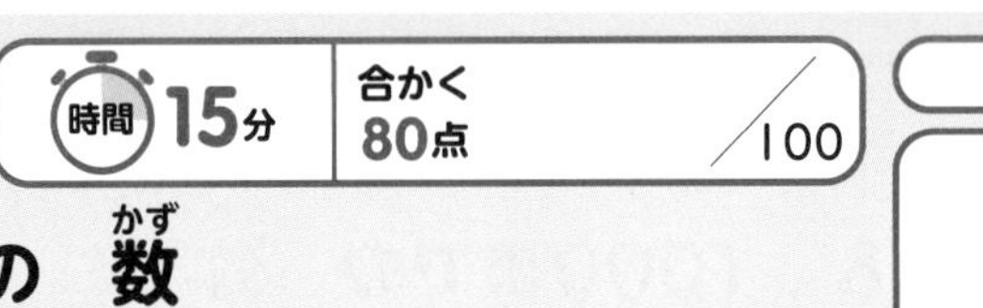

8 1000までの 数

① 100より 大きい 数 ……(3)

[100を 10こ あつめた 数が 1000(千) です。]

1 □に あてはまる 数を 書きましょう。 教 上92ページ3 10点(1つ5)

① 10を 10こ あつめた 数を、百といい、100と 書きます。

② 100を 10こ あつめた 数を、千といい、1000と 書きます。

⚠ミスにちゅうい!

2 □に あてはまる 数を 書きましょう。 教 上93ページ2 30点(□1つ5)

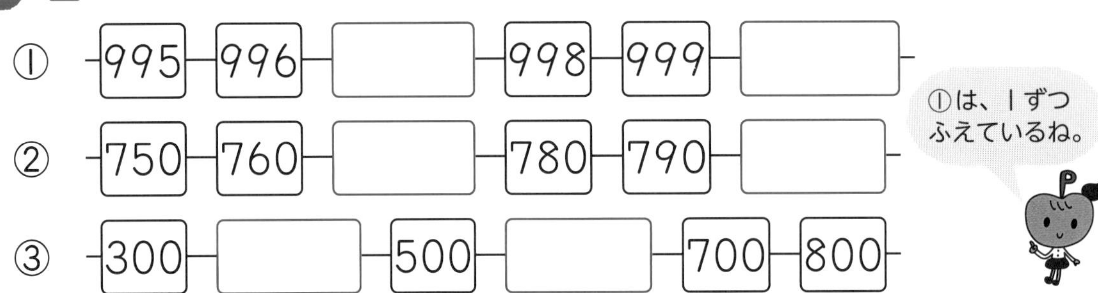

3 ↑の ところの 数を 書きましょう。 教 上93ページ3 20点(1つ5)

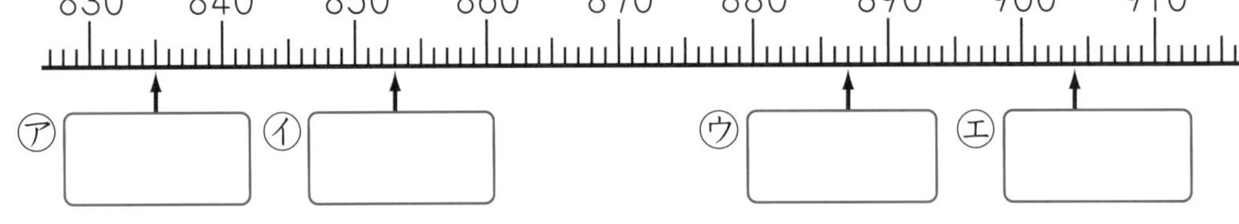

4 つぎの 数を 書きましょう。 教 上92ページ1、93ページ5 40点(1つ10)

① 1000より 30 小さい 数。 (　　　)

② 1000より 1 小さい 数。 (　　　)

③ 300より 400 大きい 数。 (　　　)

④ 500より 200 小さい 数。 (　　　)

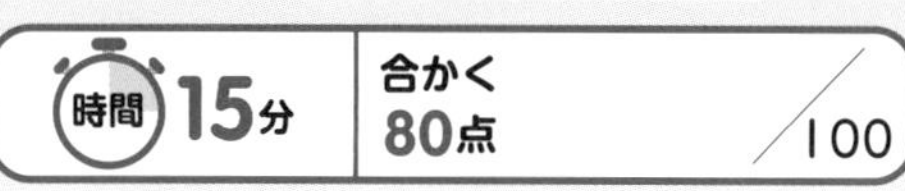

月　日

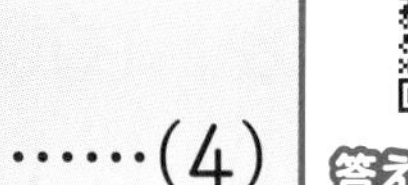

8　1000までの　数

①　100より　大きい　数 ……(4)

[10を　10こ　あつめた　数は　100です。]

1 つぎの □ に　あてはまる　数を　書きましょう。 教 上94ページ 4、1

70点(□1つ10)

① 410は、100を　4こと、10を □ こ　合わせた　数です。

② 410は、10を　何こ　あつめた　数か　考えます。

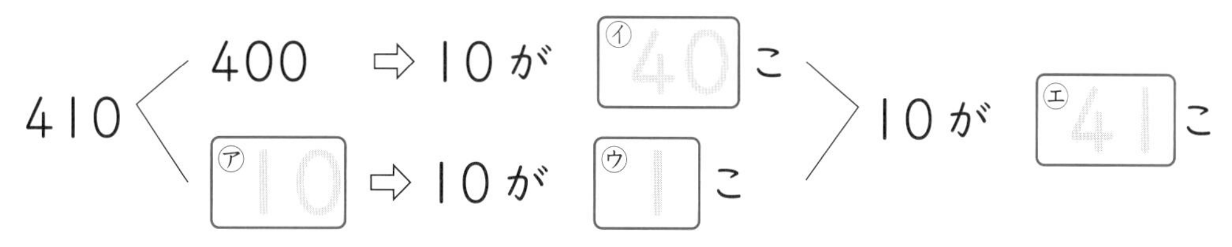

410は、10を ㋔ □ こ　あつめた　数です。

③ ぎゃくに、10を　41こ　あつめた　数は □ です。

2 つぎの □ に　あてはまる　数を　書きましょう。 教 上94ページ 2

30点(□1つ5)

① 740は、10を □ こ　あつめた　数。

② 830は、10を □ こ　あつめた　数。

③ 300は、10を □ こ　あつめた　数。

④ □ は、10を　49こ　あつめた　数。

⑤ □ は、10を　67こ　あつめた　数。

⑥ □ は、10を　95こ　あつめた　数。

合かく 80点　／100

月　日

サクッと こたえ あわせ

答え 85ページ

8　1000までの　数（かず）
②　数の　大小

[>や　<を　つかって、数の　大きさを　くらべます。]

1 つぎの □に　あてはまる　>か　<を　書（か）きましょう。

教 上95ページ 1　20点（1つ10）

① 「7は　3より　大きい」
ことを

7 [>] 3

と　あらわします。

② 「5は　9より　小さい」
ことを

5 [<] 9

と　あらわします。

2 右の　ひょうは　1年生と　2年生の　人数です。どちらが　多（おお）いか　くらべましょう。　教 上95ページ 1

20点（①ぜんぶ　できて　10、②10）

1年生	139人
2年生	121人

① 右の　ひょうに　数を　書き
ましょう。

② 次の　□に　あてはまる
>か　<を　書きましょう。

139 □ 121

	百のくらい	十のくらい	一のくらい
1年生	1	3	9
2年生			

3 つぎの □に　あてはまる　>か　<を　書きましょう。

教 上95ページ ▶　60点（1つ10）

① 263 □ 507　　② 159 □ 200

③ 343 □ 323　　④ 760 □ 759

⑤ 824 □ 842　　⑥ 109 □ 106

きほんのドリル 25。

合かく 80点　／100

月　日

サクッと こたえ あわせ

答え 86ページ

8　1000までの 数(かず)
③　たし算(ざん)と　ひき算

［何(なん)十の　たし算や　ひき算は、10 が　いくつかを　考(かんが)えます。
十円玉や　□が　10 こ　入っている　はこを　つかって　考えます。］

1　つぎの　計算(けいさん)を　しましょう。　教 上96ページ2　50点(1つ5)

① 80＋30＝□　② 70＋70＝□

③ 40＋90＝□　④ 70＋80＝□

⑤ 70＋40＝□　⑥ 60＋50＝□

⑦ 120−50＝□　⑧ 160−70＝□

⑨ 110−30＝□　⑩ 180−90＝□

2　80 円の　パンと、90 円の　ジュースを　買(か)います。合(あ)わせて　何円ですか。　教 上96ページ1　25点(しき15・答え10)

しき（　　　　　　）

答(こた)え（　　　　）

3　140 円　もっています。60 円の　アイスクリームを　1 こ　買うと、のこりは　何円に　なりますか。　教 上96ページ▶　25点(しき15・答え10)

しき（　　　　　　）

答え（　　　　）

教科書 上96ページ

まとめのドリル 26。

合かく 80点　　/100

月　日

8　1000までの 数（かず）

1 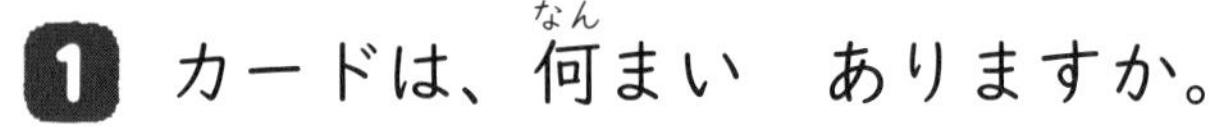
カードは、何（なん）まい　ありますか。　5点

（　　　　）

2 つぎの □ に　あてはまる　数を　書（か）きましょう。　15点(1つ5)

① 620 は、100 を □ こと、10 を　2 こ　合（あ）わせた　数。

② 450 は、10 を □ こ　あつめた　数。

③ □ は、10 を　67 こ　あつめた　数。

3 つぎの □ に　あてはまる　数を　書きましょう。　50点(□1つ5)

① 396 － 397 － □ － 399 － □ － 401 － 402 － □

② 550 － □ － 570 － 580 － □ － □ － 610 － 620

③ □ － 400 － 500 － □ － 700 － □ － 900 － □

4 つぎの □に　あてはまる　>か　<を　書きましょう。　10点(1つ5)

① 485 □ 507　　② 643 □ 634

5 つぎの　計算（けいさん）を　しましょう。　20点(1つ10)

① 70+60＝□　　② 150−60＝□

教科書 上86～99ページ

合かく 80点　　/100

月　日

9 大きい 数(かず)の たし算(ざん)と ひき算

① 答(こた)えが 3けたに なる たし算……(1)

[十のくらいから 百のくらいに くり上げる たし算 です。]

■ 56+71 の ひっ算の しかた

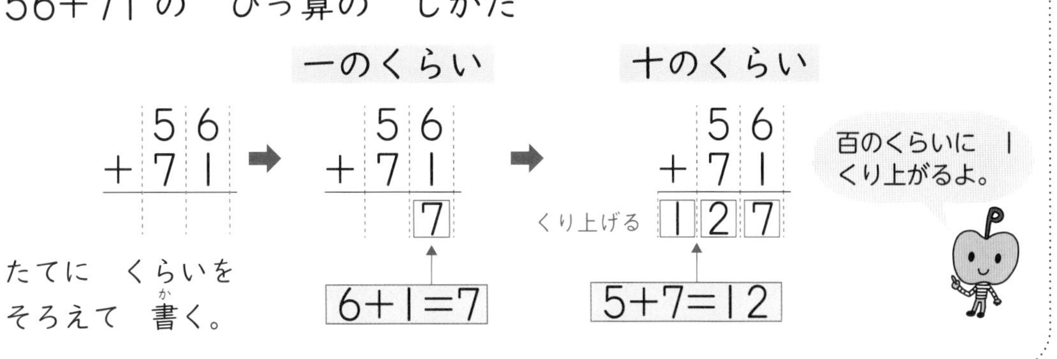

1 つぎの ひっ算を しましょう。 教 上101～102ページ1　60点(1つ10)

① 64+53　② 72+81　③ 31+96

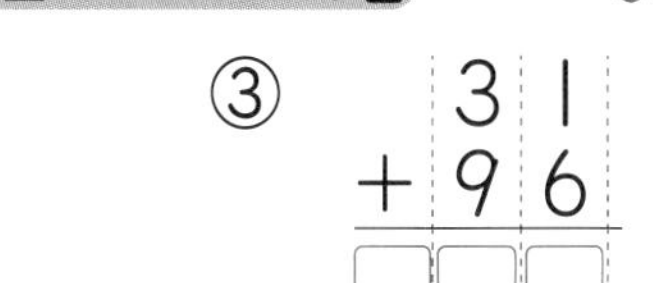

④ 85+33　⑤ 92+20　⑥ 75+54

2 つぎの 計算(けいさん)を ひっ算で しましょう。 教 上102ページ1、2

40点(1つ10)

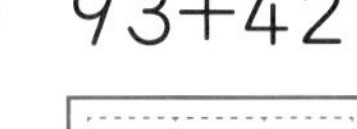
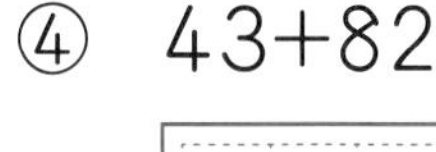

① 45+74　② 93+42　③ 50+87　④ 43+82

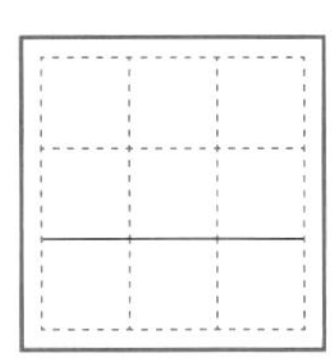
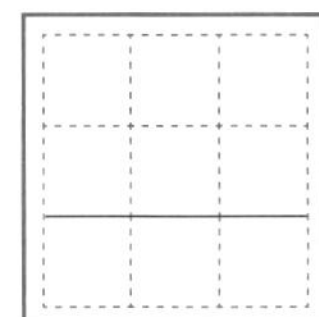
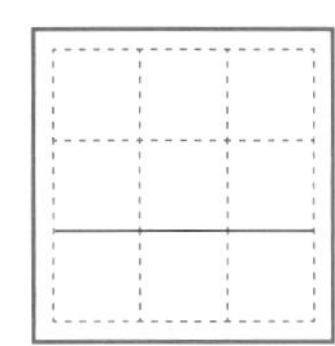
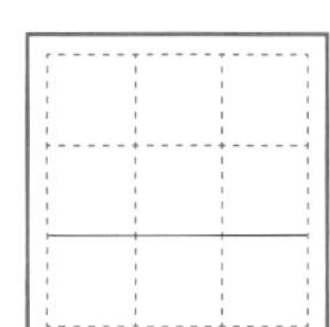

教科書 上100～102ページ

合かく 80点 /100

月　日

答え 86ページ

9 大きい 数の たし算と ひき算
① 答えが 3けたに なる たし算……(2)

[くり上がりが あっても、一のくらいから じゅんに 計算します。]

■ 98+65の ひっ算の しかた

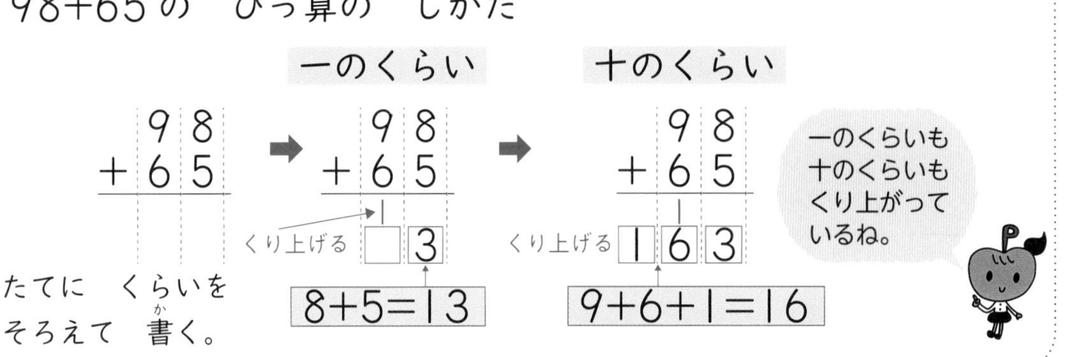

1 つぎの ひっ算を しましょう。 教 上103ページ2、104ページ2、3

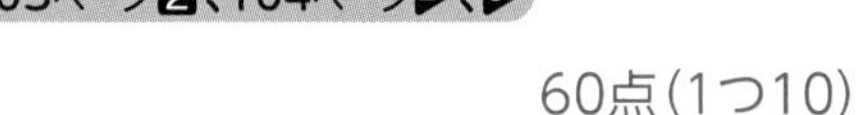

60点(1つ10)

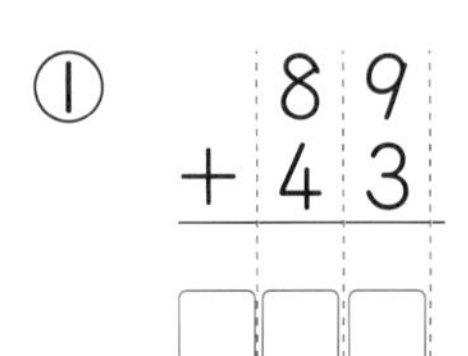

① 89+43　② 27+93　③ 48+57

④ 98+63　⑤ 45+59　⑥ 97+5

ミスにちゅうい!

2 つぎの 計算を ひっ算で しましょう。 教 上104ページ2、4

40点(1つ10)

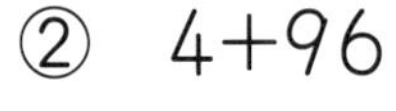

① 69+43　② 4+96　③ 75+25　④ 94+8

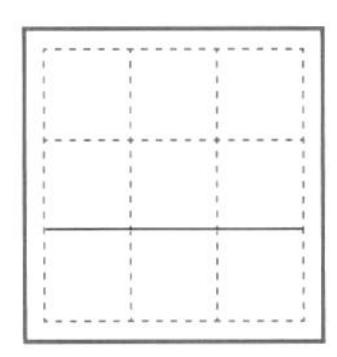
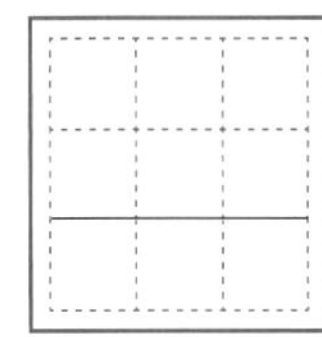
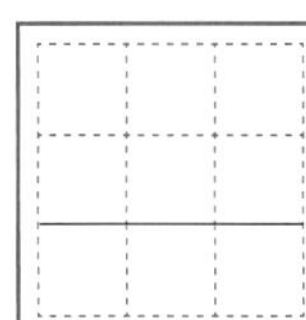
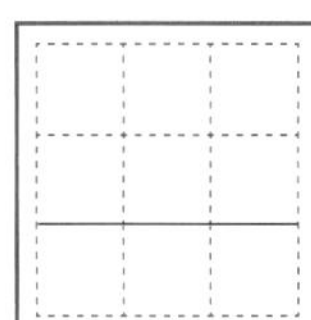

きほんのドリル 29。

サクッと こたえ あわせ

答え 86ページ

9 大きい 数(かず)の たし算(ざん)と ひき算

② 3けたの たし算

[同(おな)じ くらいどうし 計算(けいさん)を します。]

	一のくらい	十のくらい	百のくらい
148 + 26	148 + 26 □4	148 + 26 74	148 + 26 174
たてに くらいを そろえて 書(か)く。	くり上げる 8+6=14	4+2+1=7	1を おろす。

1 つぎの 計算を しましょう。 教 上105ページ 1　　40点(1つ10)

① 300+500=　　② 700+300=

③ 800+100=　　④ 100+900=

ミスにちゅうい!

2 つぎの 計算を ひっ算で しましょう。

60点(1つ10)

① 214+9

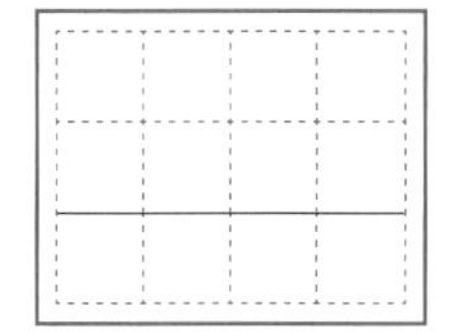

② 326+48

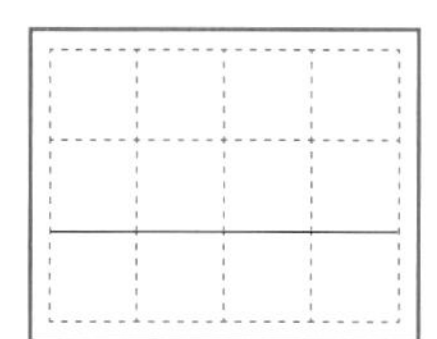

③ 789+5

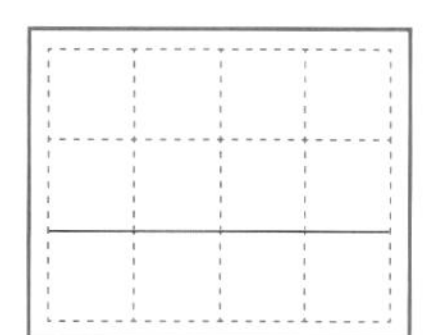

④ 138+2

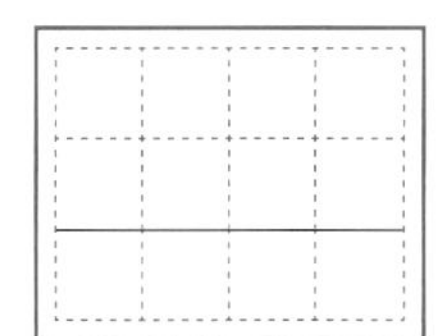

⑤ 276+19

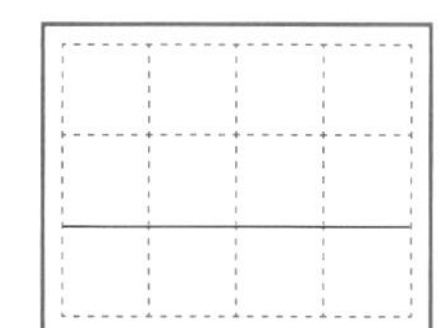

⑥ 432+48

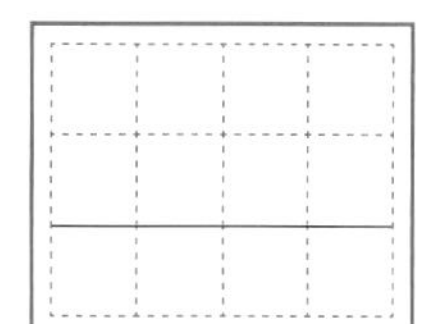

合かく 80点 ／100

月　日

答え 87ページ

9　大きい　数(かず)の　たし算(ざん)と　ひき算

③　100より　大きい　数から　ひく　ひき算……(1)

[十のくらいの　ひき算が　できない　ときは、百のくらいから　1　くり下げます。]

■ 147−84 の　ひっ算の　しかた

一のくらい　　十のくらい

$$\begin{array}{r} 147 \\ -\ \ 84 \\ \hline \end{array} \rightarrow \begin{array}{r} 147 \\ -\ \ 84 \\ \hline 3 \end{array} \rightarrow \begin{array}{r} 147 \\ -\ \ 84 \\ \hline 63 \end{array}$$

たてに　くらいを　そろえて　書(か)く。

7−4=3

くり下げる→10

14−8=6

百のくらいは　1　くり下げたので、1−1=0　0は　書かないよ。

1 つぎの　ひっ算を　しましょう。　教 上107～108ページ 1、109ページ 2

40点(1つ10)

① $\begin{array}{r} 164 \\ -\ \ 92 \\ \hline \end{array}$　② $\begin{array}{r} 127 \\ -\ \ 48 \\ \hline \end{array}$　③ $\begin{array}{r} 110 \\ -\ \ 36 \\ \hline \end{array}$　④ $\begin{array}{r} 125 \\ -\ \ 67 \\ \hline \end{array}$

ミスにちゅうい！

2 つぎの　計算(けいさん)を　ひっ算で　しましょう。　教 上108ページ▶、110ページ▶

60点(1つ10)

① 156−94

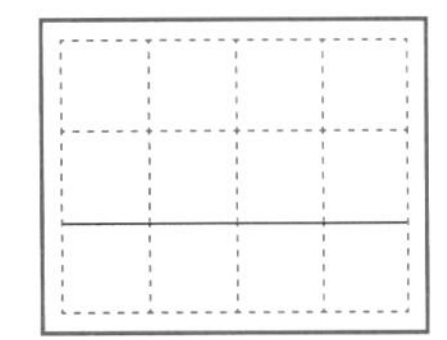

② 168−74

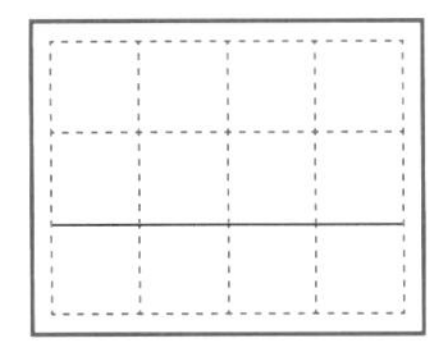

③ 117−30

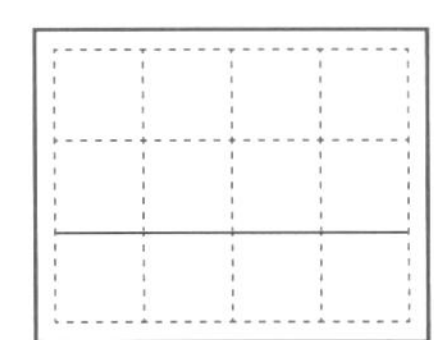

④ 161−73

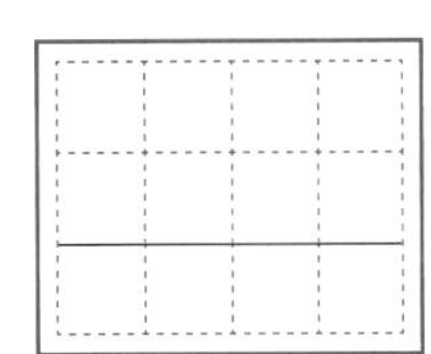

⑤ 132−95

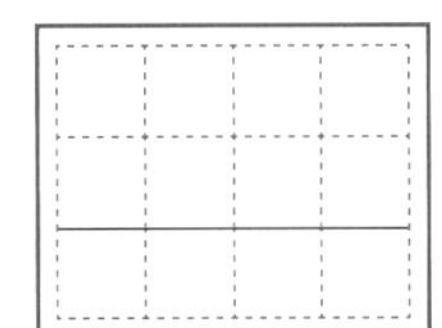

⑥ 150−82

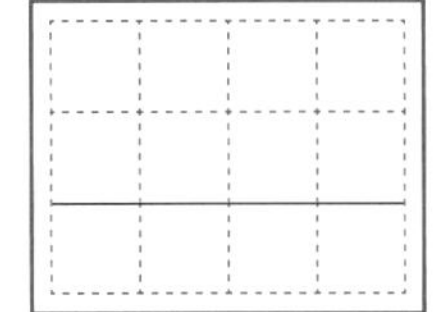

月　日

9　大きい　数(かず)の　たし算(ざん)と　ひき算

③　100より　大きい　数から　ひく　ひき算……(2)

[一のくらいの　計算(けいさん)で　百のくらいから　じゅんに　くり下げます。]

■ 107−29 の　ひっ算の　しかた

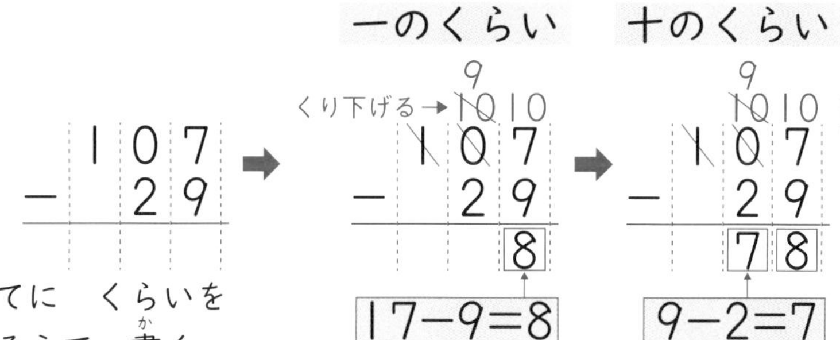

百のくらいは　1 くり下げたので、
1−1=0
0 は　書かないよ。

1 つぎの　ひっ算を　しましょう。　教 上110〜111ページ 3　40点(1つ10)

① 105 − 67

② 102 − 35

③ 100 − 18

④ 103 − 5

ミスにちゅうい！

2 つぎの　計算を　ひっ算で　しましょう。　教 上111ページ 1　60点(1つ10)

① 103−46

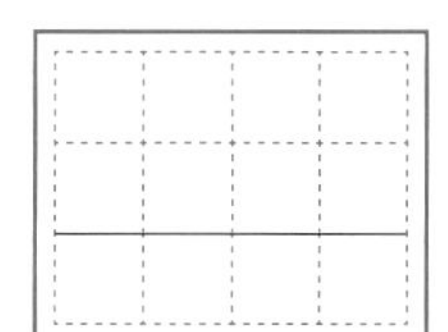

② 107−79

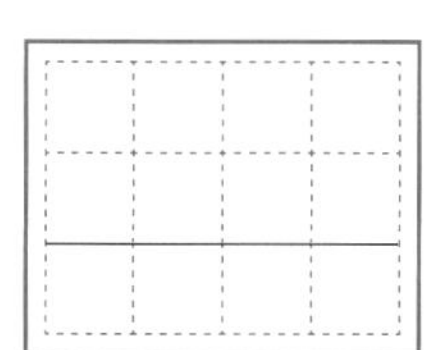

③ 105−68

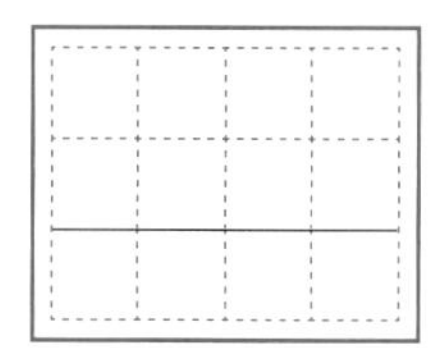

④ 100−56

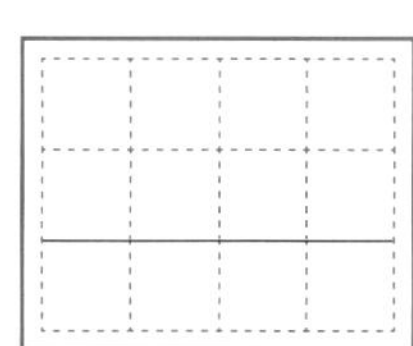

⑤ 100−34

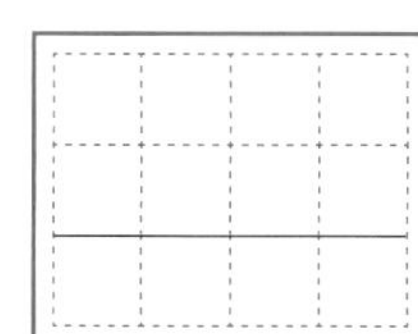

⑥ 106−9

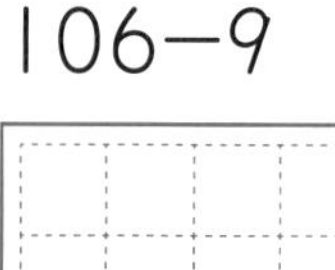

教科書 上110〜111ページ

きほんのドリル 32。

時間 15分　合かく 80点　/100

月　日

サクッとこたえあわせ

答え 87ページ

9 大きい 数の たし算と ひき算
④ 3けたの ひき算

[何百の ひき算は、100 を 1つ分と 考えて 計算を します。]

1 つぎの 計算を しましょう。 教 上112ページ 2　30点(1つ10)

① 600−400=□　② 400−100=□

③ 1000−300=□

2 つぎの ひっ算を しましょう。 教 上113ページ 2　30点(1つ10)

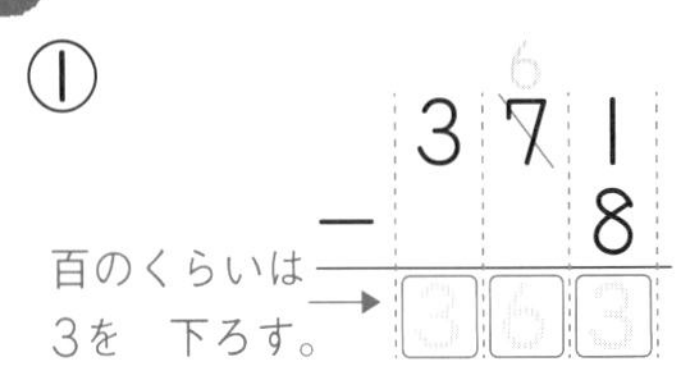

① 371 − 8 = 363

百のくらいは 3を 下ろす。

② 452 − 39

③ 254 − 6

ミスにちゅうい！

3 つぎの 計算を ひっ算で しましょう。 教 上113ページ 1、3　30点(1つ10)

① 821−7　② 392−64　③ 630−25

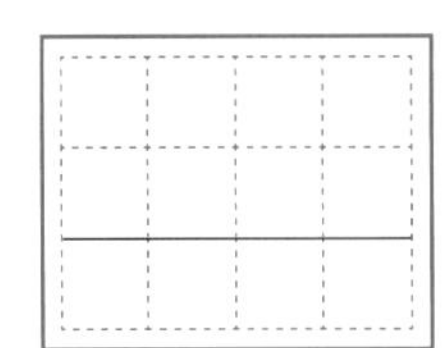

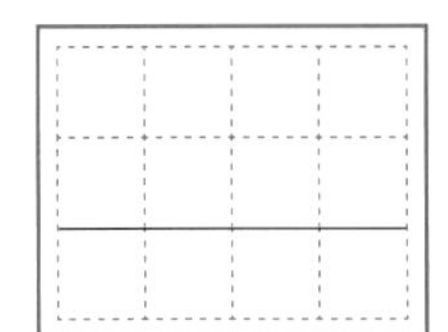

4 つぎの ひっ算の まちがいを 見つけ、正しい 答えを □ に 書きましょう。 教 上113ページ 2　10点(1つ5)

① 504−3

504
− 3
204

□

② 281−47

281
− 47
274

□

まとめのドリル 33

9 大きい 数(かず)の たし算(ざん)と ひき算

1 つぎの 計算(けいさん)を しましょう。 15点(1つ5)

① 400+600＝□　② 500−300＝□

③ 1000−700＝□

2 つぎの 計算を ひっ算で しましょう。 60点(1つ6)

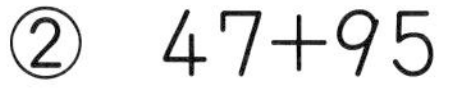

① 34+83　② 47+95　③ 85+35　④ 6+98

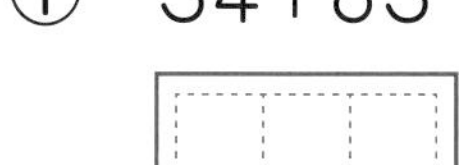
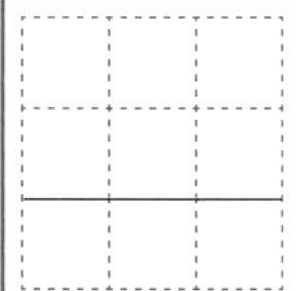
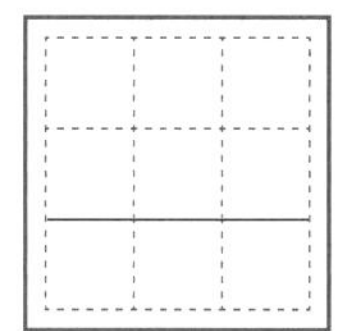
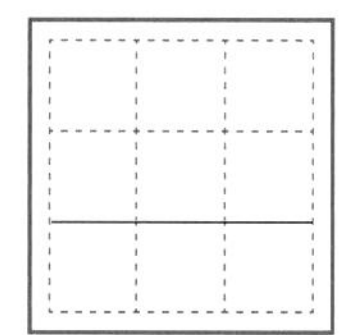
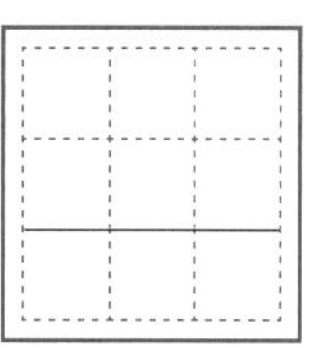

⑤ 527+8　⑥ 356+19　⑦ 134−82

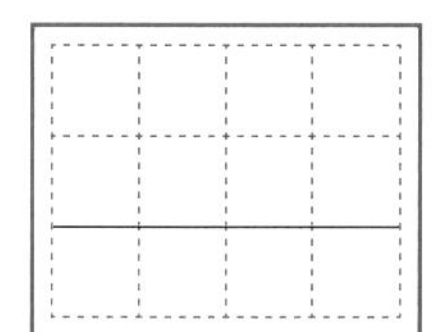
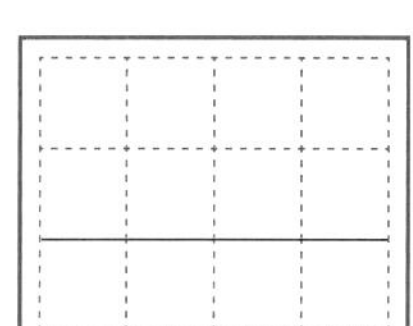
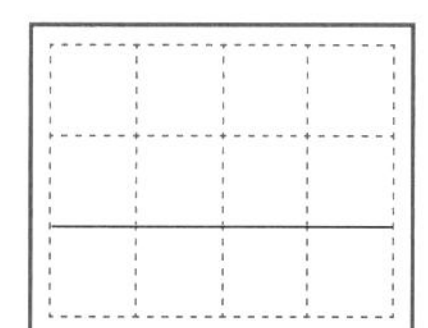

⑧ 145−97　⑨ 107−38　⑩ 342−5

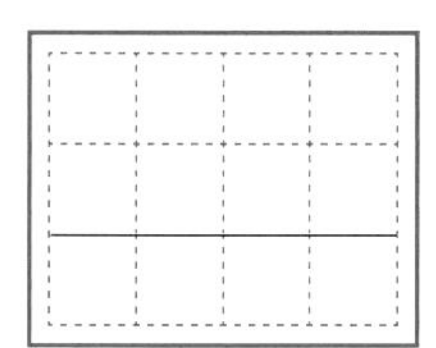
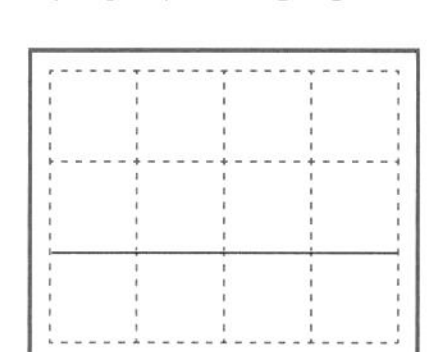
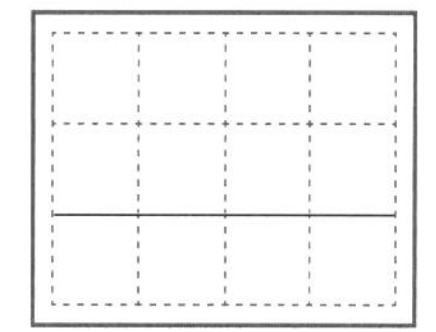

3 ゆうきさんは 270円 もっています。85円の おかしを 買(か)うと のこりは 何円(なんえん)ですか。 25点(しき15・答え10)

しき（　　　　　　　　）

答(こた)え（　　　　　）

合かく 80点　／100

月　日

答え 88ページ

時こくと　時間(1)／たし算の　ひっ算

1 つぎの □に　あてはまる　数を　書きましょう。　30点(1つ10)

① 1時間＝□分　　② 1日＝□時間

③ 午後は □時間です。

2 右の　時計を　見て、つぎの　もんだいに　答えましょう。　20点(1つ10)

① おきる　時こくは、何時何分ですか。

(　　　　　)

② おきてから、家を　出るまでの時間は、何分間ですか。

(　　　　　)

3 つぎの　計算を　ひっ算で　しましょう。　30点(1つ5)

① 62+34　② 27+46　③ 57+28

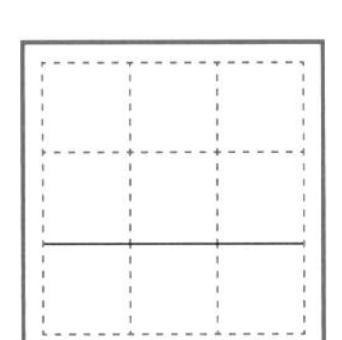
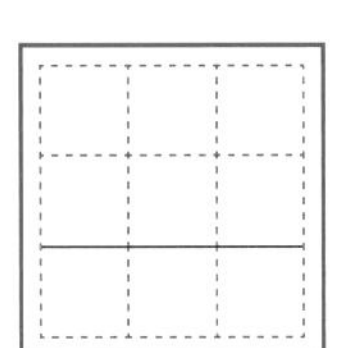
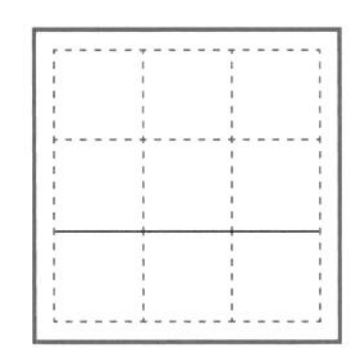

④ 36+54　⑤ 64+27　⑥ 7+75

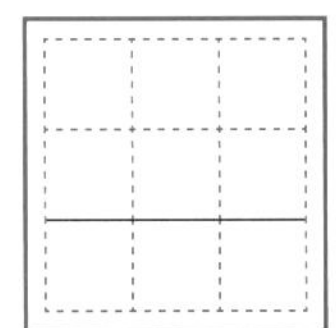
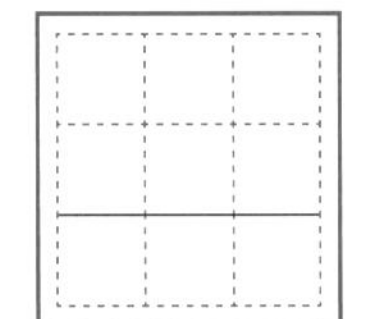
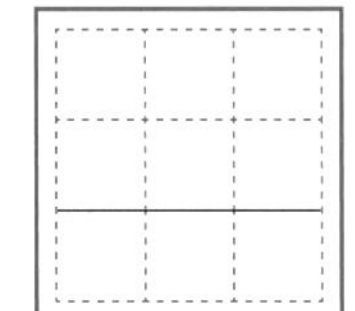

4 つぎの　計算を　くふうして　しましょう。　20点(1つ10)

① 38+17+23　② 48+46+2

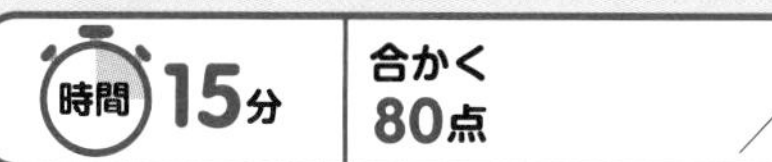

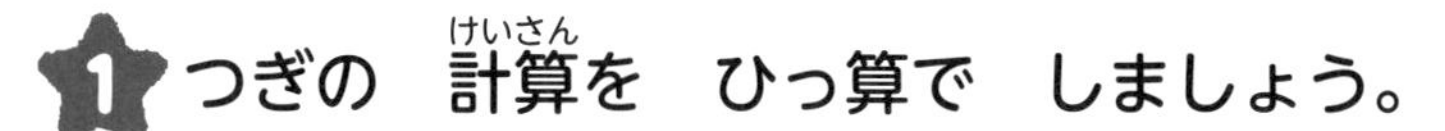

ひき算の　ひっ算／長さ(1)

1 つぎの　計算を　ひっ算で　しましょう。　30点(1つ10)

① 82−17　② 70−46　③ 75−37

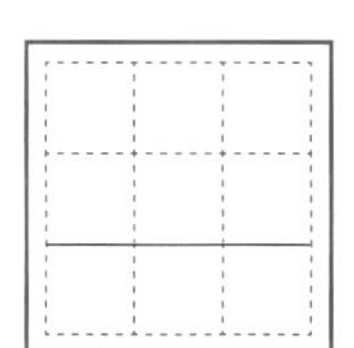
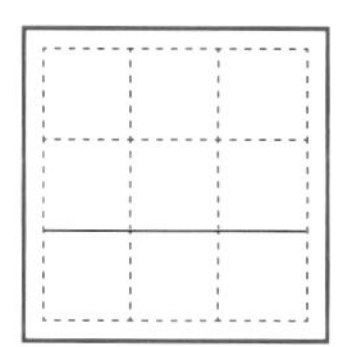
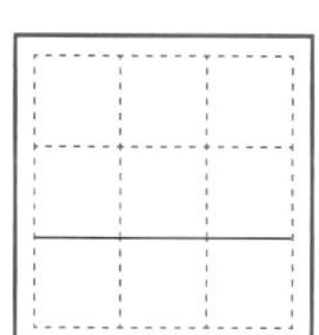

よくよんで!

2 いちごが　36こ　あります。19こ　たべると、のこりは
何こに　なりますか。　30点(しき20・答え10)

しき（　　　　　　）　答え（　　　　　）

3 左の　はしから　①、②までの　長さは、それぞれ
何cm何mmですか。また、何mmですか。　20点(・1つ5)

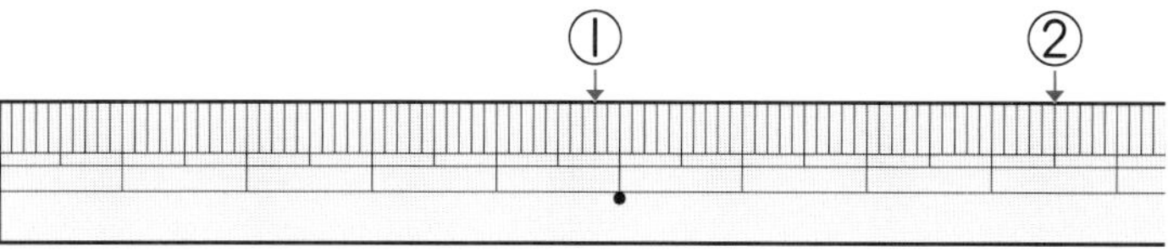

① ・□cm□mm　・□mm

② ・□cm□mm　・□mm

4 つぎの　計算を　しましょう。　20点(1つ5、③・④は　ぜんぶ　できて　5)

① 23cm+15cm=□cm

② 35cm−17cm=□cm

③ 5cm9mm+1cm6mm=□cm□mm

④ 12cm4mm−8cm=□cm□mm

夏休みのホームテスト 36。

合かく 80点 /100

月 日

答え 88ページ

サクッとこたえあわせ

1000までの 数(かず) 大きい 数の たし算(ざん)と ひき算

1 えんぴつは 何本(なんぼん) ありますか。 5点

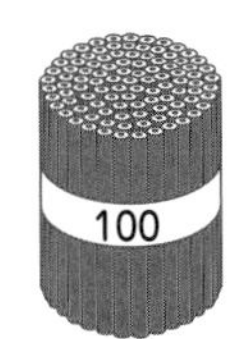

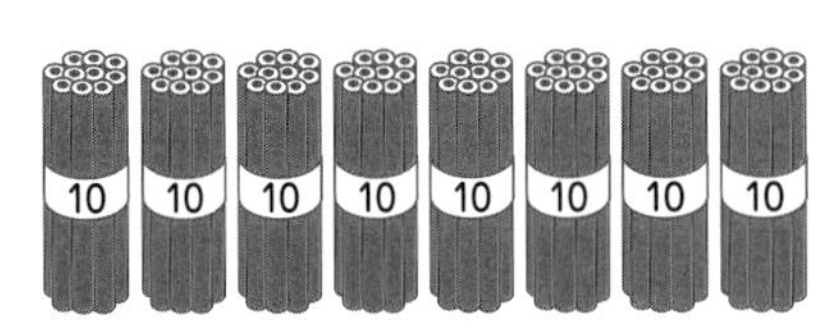

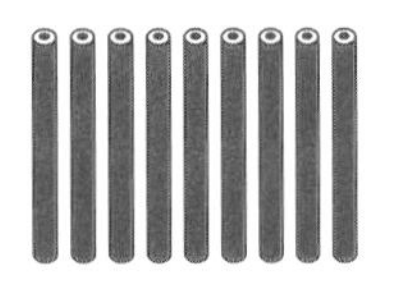

(　　　　)本

2 □に あてはまる 数を 書(か)きましょう。 20点(□1つ5)

① 580 ― 590 ― □ ― 610 ― 620 ― □ ― 640

② 700 ― □ ― 800 ― 850 ― 900 ― 950 ― □

3 つぎの 計算(けいさん)を しましょう。 25点(1つ5)

① 60+90=□　② 40+80=□

③ 100+500=□　④ 140−80=□

⑤ 1000−800=□

4 つぎの 計算を ひっ算で しましょう。 50点(1つ10)

① 48+93

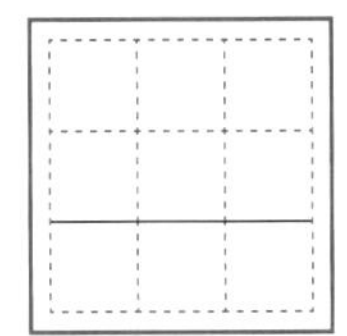

② 7+95

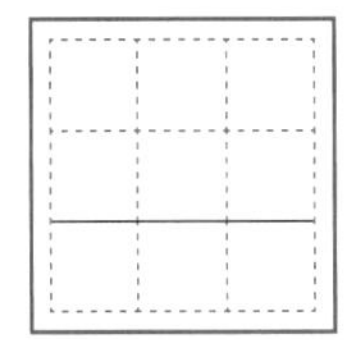

③ 428+37

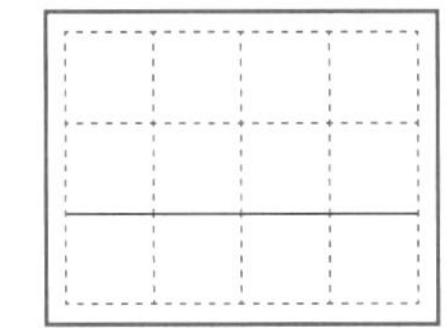

④ 135−62

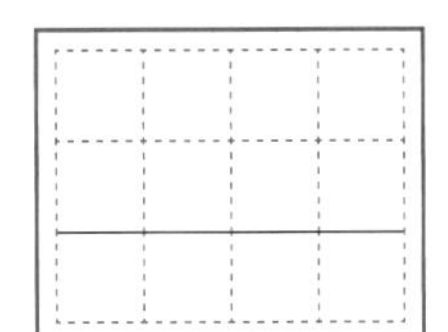

⑤ 215−8

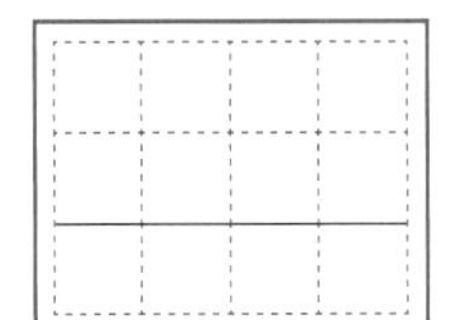

時間 15分　合かく 80点　／100　　月　日

答え 88ページ　サクッと こたえ あわせ

10 水の　かさ
① かさの　くらべ方
② かさの　あらわし方　……(1)

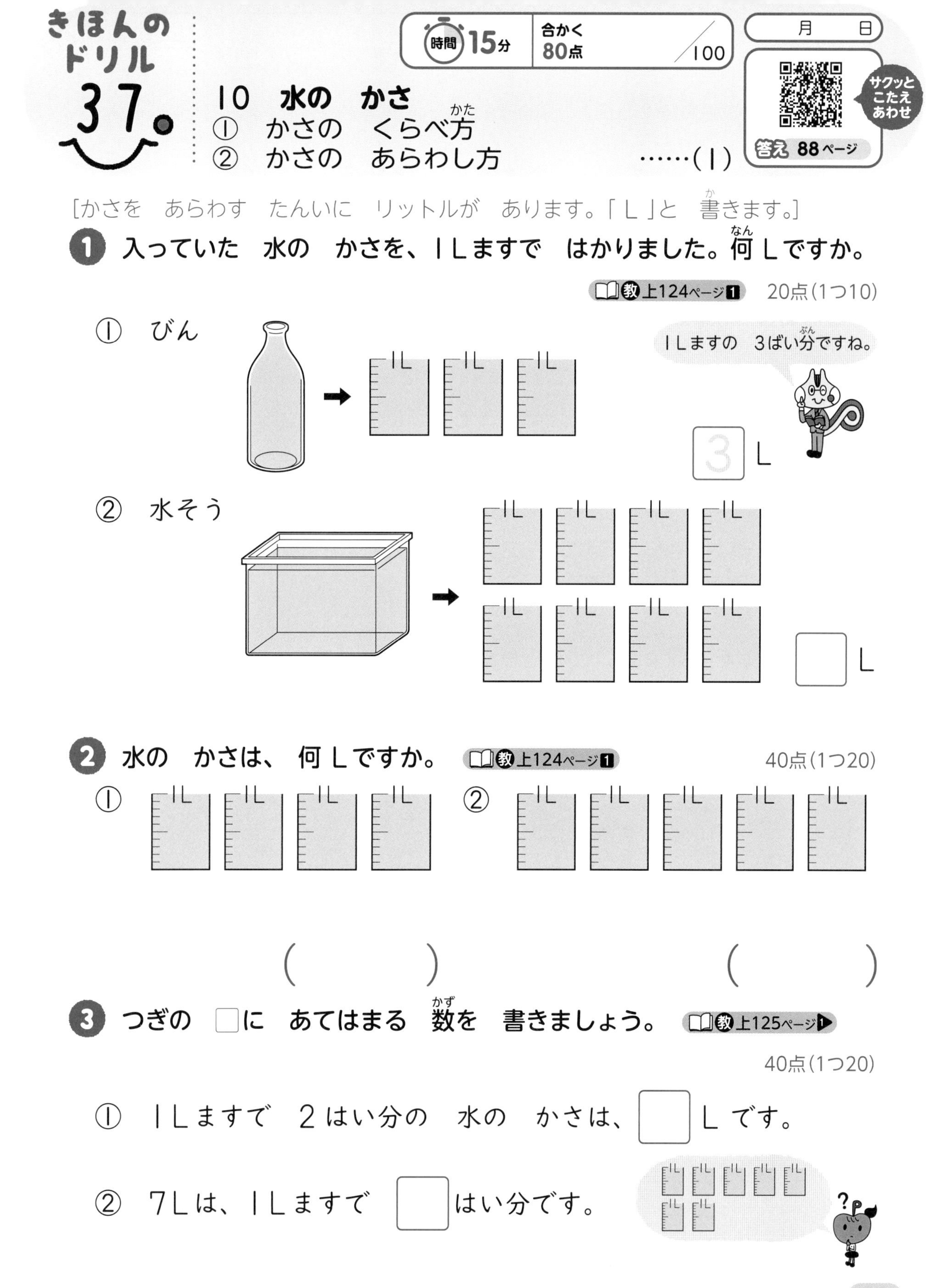

[かさを　あらわす　たんいに　リットルが　あります。「L」と　書きます。]

1 入っていた　水の　かさを、1Lますで　はかりました。何Lですか。

教 上124ページ 1　20点(1つ10)

① びん

3 L

② 水そう

□ L

2 水の　かさは、何Lですか。　教 上124ページ 1　40点(1つ20)

① (　　　)　② (　　　)

3 つぎの　□に　あてはまる　数を　書きましょう。　教 上125ページ ▶

40点(1つ20)

① 1Lますで　2はい分の　水の　かさは、□Lです。

② 7Lは、1Lますで　□はい分です。

教科書 上122〜125ページ

時間 15分　合かく 80点　/100

月　日

サクッとこたえあわせ　答え 88ページ

10　水の　かさ
②　かさの　あらわし方　……(2)

[かさを　あらわす　たんいに　デシリットルが　あります。「dL」と　書きます。]

1 下の　絵を　見て、つぎの　もんだいに　答えましょう。

教 上125～126ページ　20点(1つ10)

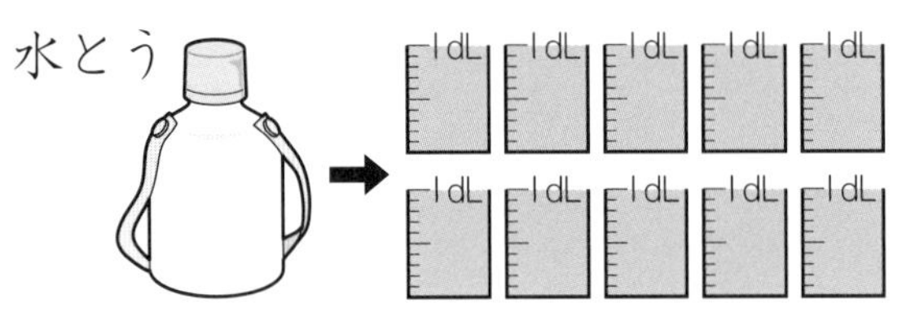

① 水とうに　入っていた　水の　かさは、何 dL ですか。

[10] dL

② 水とうに　入っていた　水の　かさは、何 L ですか。

[1] L

2 下の　絵を　見て、つぎの　もんだいに　答えましょう。

教 上127ページ3　50点(1つ25、①は　ぜんぶ　できて　25)

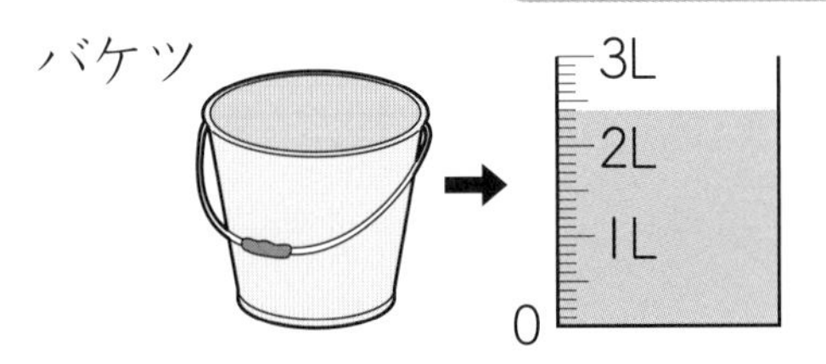

小さい　1目もりは、1dLだよ。

① バケツに　入っていた　水の　かさは、何 L 何 dL ですか。

[　] L [　] dL

② バケツに　入っていた　水の　かさは、何 dL ですか。

[　] dL

3 つぎの □に　あてはまる　>、<、=を　書きましょう。

教 上128ページ3　30点(1つ10)

① 6L2dL [　] 5L7dL　② 2L5dL [　] 25dL

③ 61dL [　] 6L3dL

きほんのドリル 39。

月　日

10 水の かさ
② かさの あらわし方 ……(3)

[かさを あらわす たんいに ミリリットルが あります。「mL」と 書(か)きます。]

1 水が 1000mL 入る ペットボトルが あります。 教 上129ページ 1

20点(1つ10)

① 1Lの ますに うつすと、何(なん)ばい分(ぶん)に なりますか。

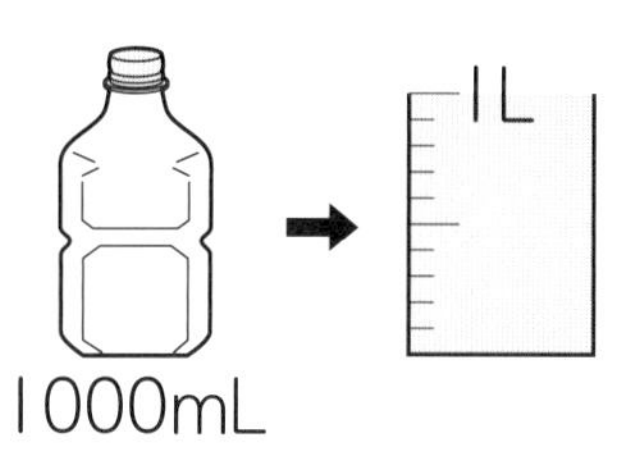

□ぱい分

② ペットボトルに 入る 水の かさは 何Lですか。

□L

2 水が 100mL 入る コップが あります。 教 上129ページ 4

20点(1つ10)

① 1dLの ますに うつすと、何ばい分に なりますか。

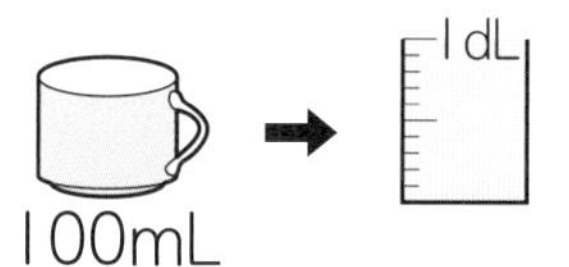

□ぱい分

② コップに 入る 水の かさは、何dLですか。

□dL

3 つぎの □に あてはまる 数(かず)を 書きましょう。

教 上128〜129ページ　60点(1つ15)

① 1L＝□dL　② 1L＝□mL

③ 1dL＝□mL　④ 1000mL＝□L

時間 15分　合かく 80点　/100

月　日

答え 89ページ

10 水の かさ
③ かさの 計算

[かさの 計算は、同じ たんいどうしを 計算します。]

1 水が やかんに 3L5dL、なべに 2L3dL 入っています。

教 上130ページ 1　40点(しき15・答え5)

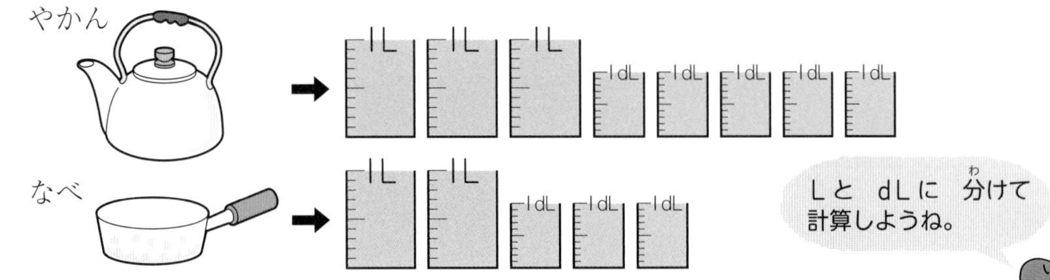

① 合わせると、何L何dLに なりますか。

しき　3L5dL＋2L3dL＝□L□dL

（たすと 5L、たすと 8dL）

答え（　　　　）

② ちがいは、どれだけですか。

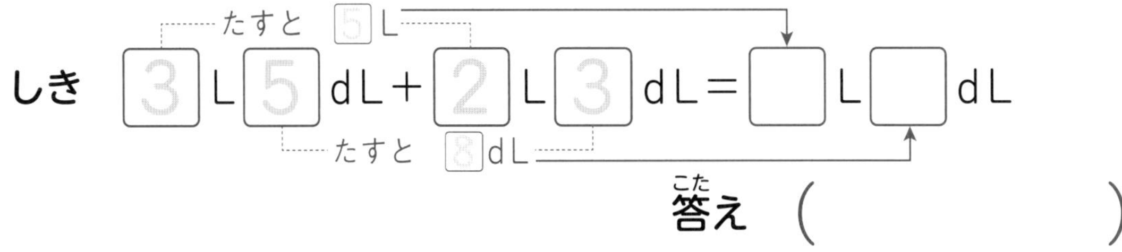

しき　3L5dL−2L3dL＝□L□dL

（ひくと 1L、ひくと 2dL）

答え（　　　　）

ミスにちゅうい！

2 つぎの 計算を しましょう。　教 上130ページ▶　60点(ぜんぶ できて 1つ10)

① 3L＋4L＝□L

② 5dL−2dL＝□dL

③ 9dL＋1L＝□L□dL

④ 1L3dL−3dL＝□L

⑤ 6L3dL＋2L9dL＝□L□dL

⑥ 8L1dL−4L3dL＝□L□dL

時間 15分　合かく 80点　/100

11 三角形と　四角形
① 三角形と　四角形

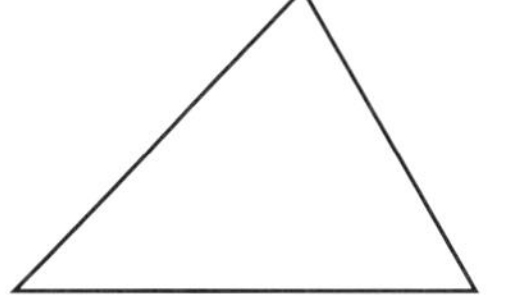

1 つぎの □に　あてはまる　ことばを　書きましょう。

教 上135〜136ページ 1　20点（1つ10）

① 3本の　直線で　かこまれた　形を、
[三角形]と　いいます。

② 4本の　直線で　かこまれた　形を、
[四角形]と　いいます。

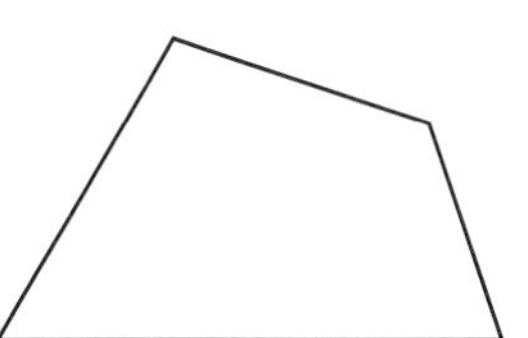

ミスにちゅうい！

2 三角形と　四角形を　見つけましょう。 教 上137ページ 2

60点（□1つ10）

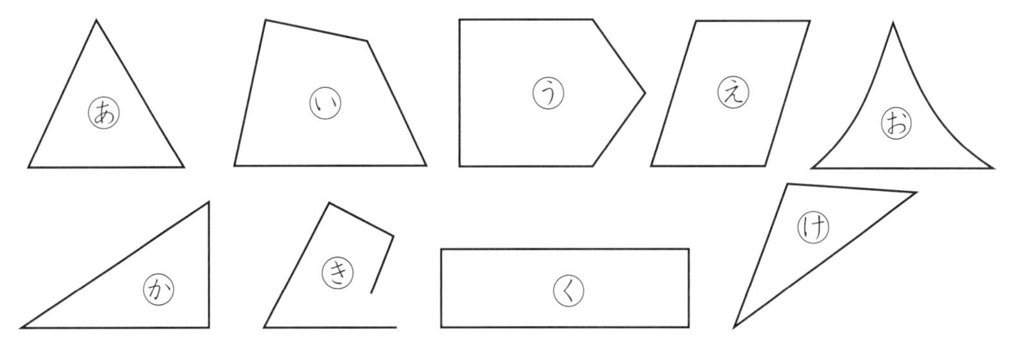

三角形は [あ] [ ] [ ]　四角形は [ ] [ ] [ ]

3 つぎの　図の　ア、イを　それぞれ　何と　いいますか。

教 上137ページ　20点（1つ10）

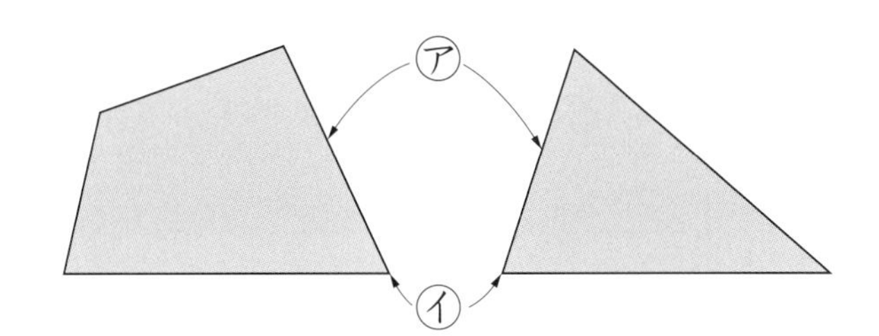

ア（　　　　）

イ（　　　　）

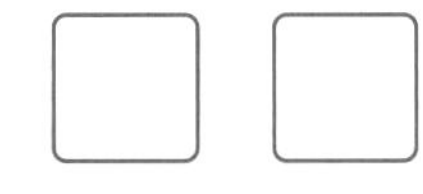

11 三角形(さんかくけい)と 四角形(しかくけい)

② 直角(ちょっかく)

時間 15分　合かく 80点　/100

月　日

[直角は、紙(かみ)を　ぴったり　かさなるように　2回(かい)　おって　できた　かどの　形(かたち)です。]

1 下の　三角じょうぎで、直角の　かどは　どれですか。あ〜かで　答えましょう。 教 上140ページ1　20点(1つ10)

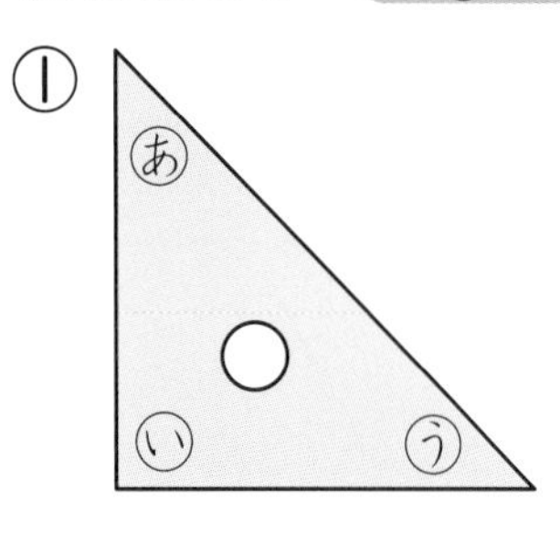

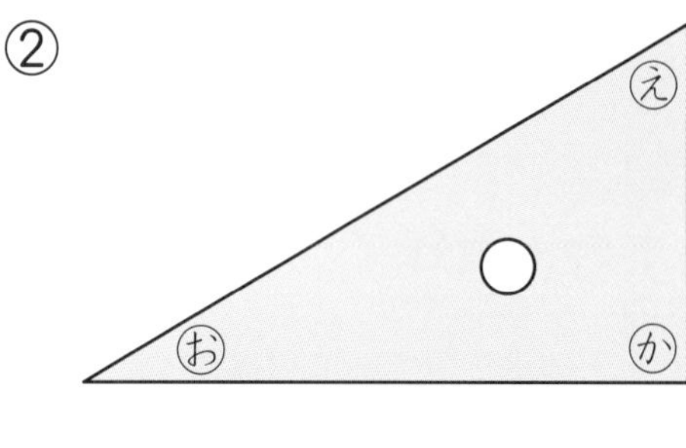

(　　い　　)　(　　　　)

2 直角の　かどは　どれですか。三角じょうぎを　つかって　しらべて、直角の　かどには　○、そうでない　かどには　×を　つけましょう。

教 上140ページ2　40点(1つ10)

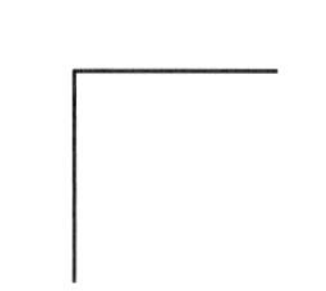

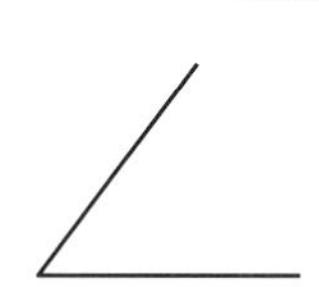

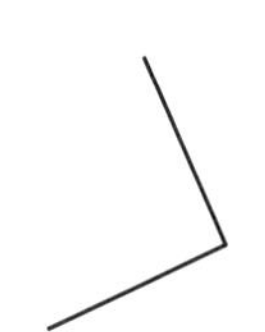

① (　　)　② (　　)　③ (　　)　④ (　　)

3 点(てん)と　点を、直線(ちょくせん)で　つないで、いろいろな　三角形や　四角形を　かきました。直角の　かどに　○を　かきましょう。 教 上141ページ2

40点(ぜんぶ　できて　1つ10)

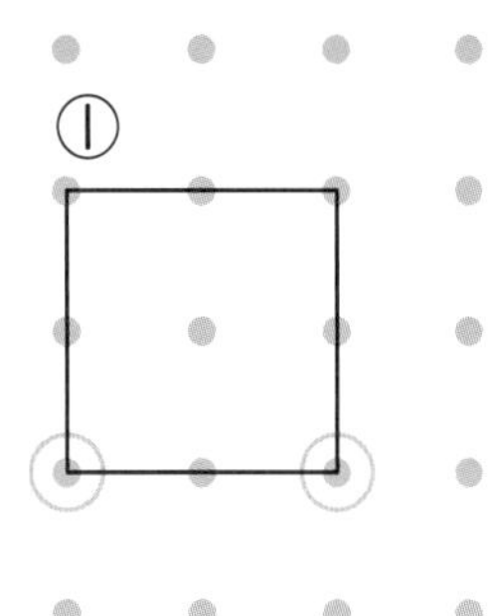

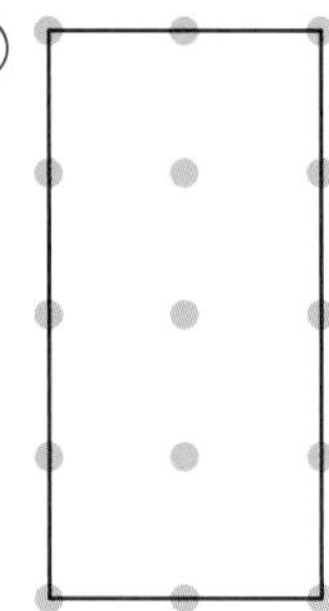

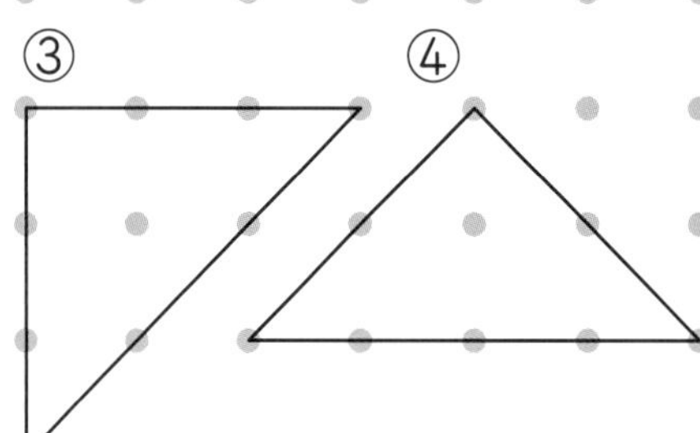

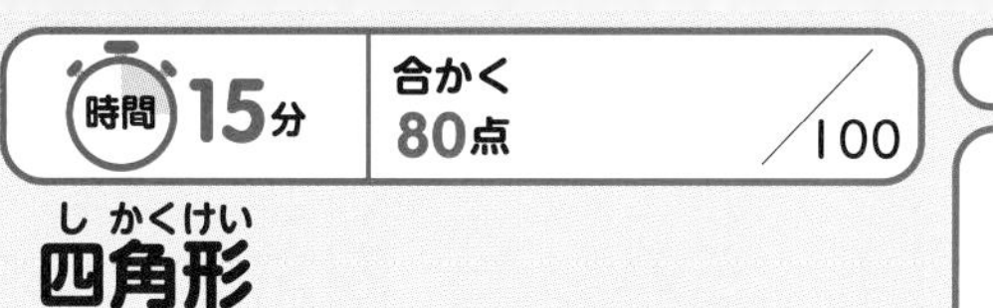

11 三角形と 四角形
③ 長方形と 正方形 ……(1)

[4つの かどが すべて 直角な 四角形が 長方形です。]

1 つぎの □ に あてはまる ことばを 書きましょう。

教 上142ページ 20点(1つ10)

① 4つの かどが すべて 直角な 四角形を、[長方形] と いいます。

② 長方形の、むかい合っている [へん] の 長さは、同じです。

2 長方形は どれと どれですか。あ～えで 答えましょう。

教 上143ページ 2 20点(□1つ10)

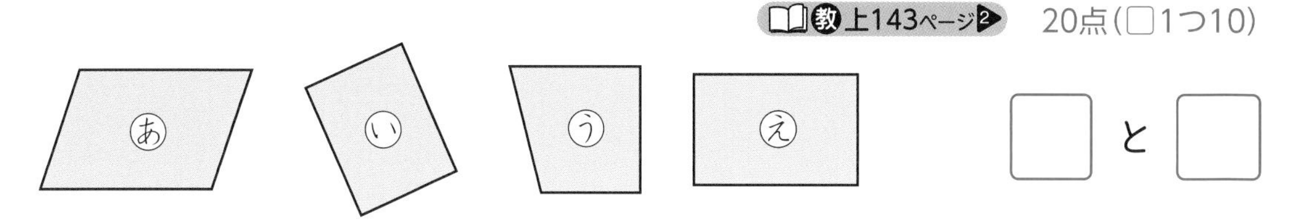

3 右の 長方形の へんの □ に あてはまる 数を 書きましょう。

教 上142ページ 1 20点(□1つ10)

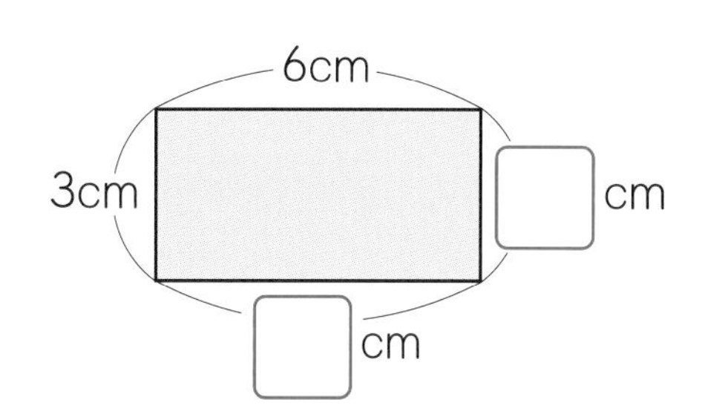

4 つぎの 長方形を かきましょう。 教 上144ページ 3 40点(1つ20)

① へんの 長さが、2cm と 6cm。

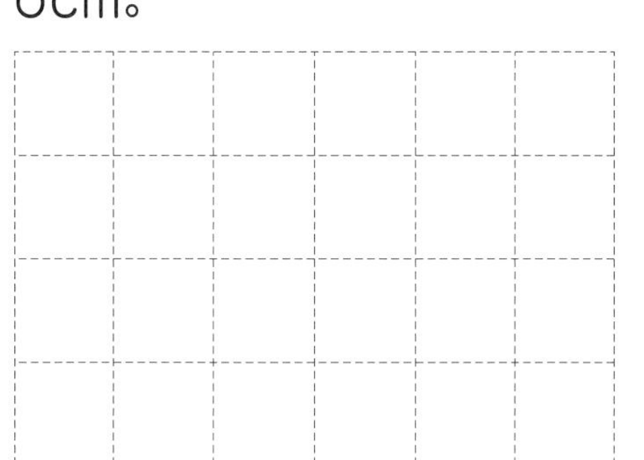

② へんの 長さが、3cm と 5cm。

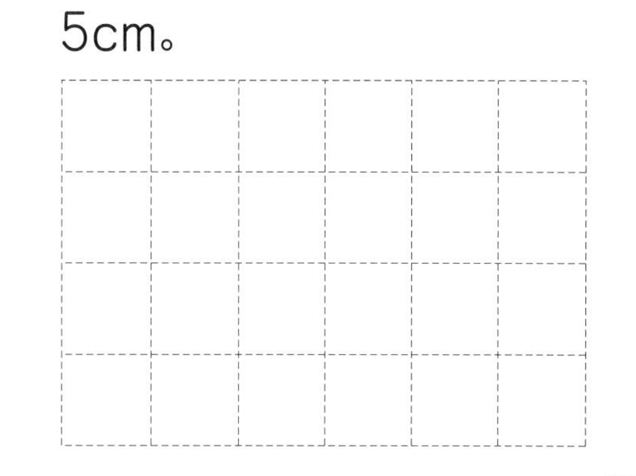

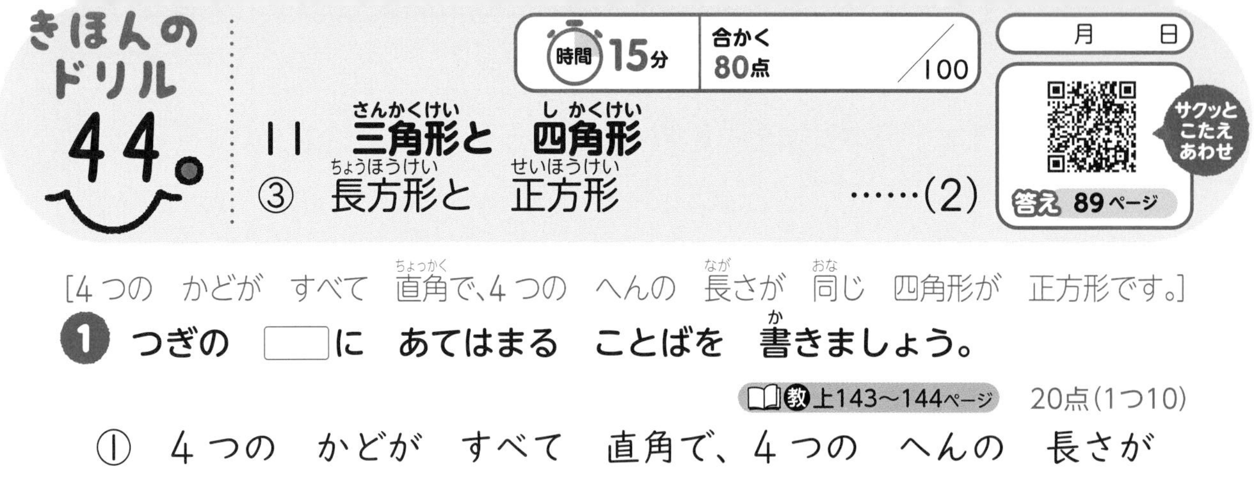

11 三角形と四角形
③ 長方形と正方形 ……(2)

[4つの　かどが　すべて　直角で、4つの　へんの　長さが　同じ　四角形が　正方形です。]

1 つぎの □ に　あてはまる　ことばを　書きましょう。

教 上143〜144ページ　20点(1つ10)

① 4つの　かどが　すべて　直角で、4つの　へんの　長さが　すべて　同じ　四角形を、[正方形]と　いいます。

② 長方形と　正方形で、同じ　ところは、4つの [　　] が　すべて　直角と　いうところです。

2 正方形には　○、そうでない　ものには　×を　つけましょう。

教 上144ページ▶1　40点(1つ10)

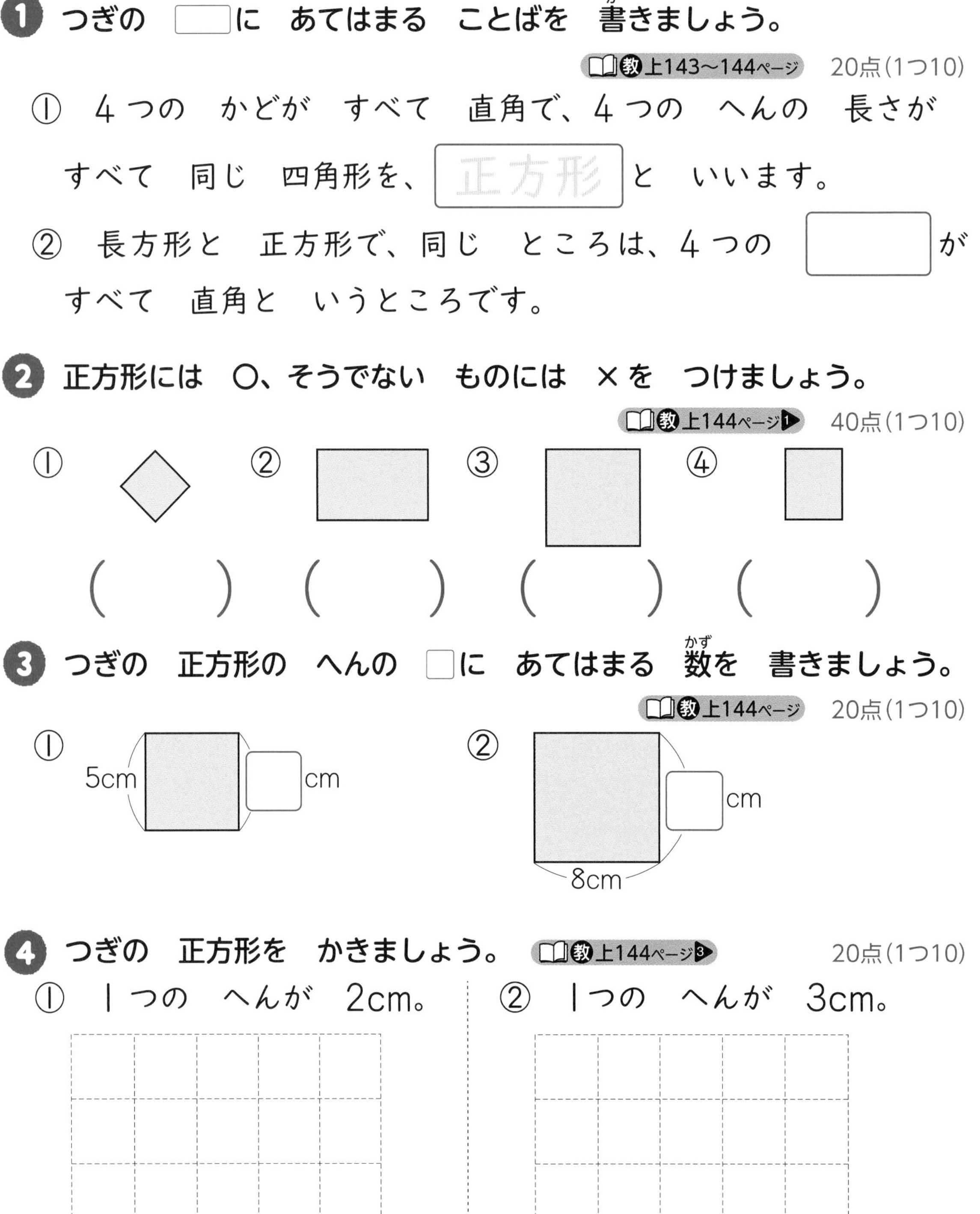

①(　　)　②(　　)　③(　　)　④(　　)

3 つぎの　正方形の　へんの □ に　あてはまる　数を　書きましょう。

教 上144ページ　20点(1つ10)

4 つぎの　正方形を　かきましょう。　教 上144ページ▶3　20点(1つ10)

① |つの　へんが　2cm。　② |つの　へんが　3cm。

合かく 80点 /100

11 三角形と 四角形

④ 直角三角形

[直角三角形は、直角の　かどが　ある　三角形です。]

1 つぎの □ に　あてはまる　ことばを　書きましょう。

教 上145ページ　20点

直角の　かどの　ある　三角形を、

直角三角形 と　いいます。

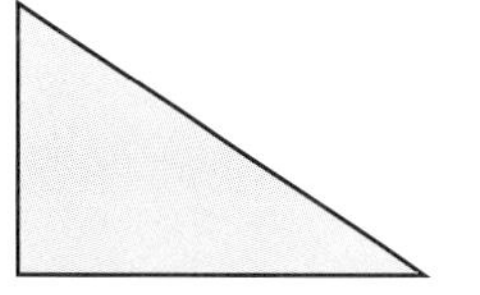

2 つぎの □ に　あてはまる　ことばを　書きましょう。

教 上145ページ 1　40点（1つ20）

① 長方形を、右のような　点線の　ところで　切ると、□ が　2つ　できます。

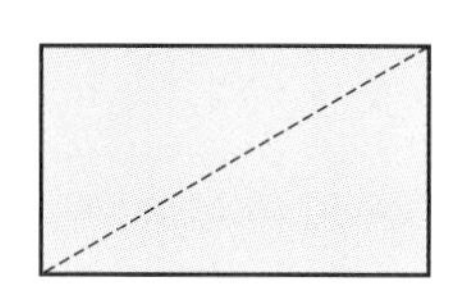

② 正方形を、右のような　点線の　ところで　切ると、□ が　3つ　できます。

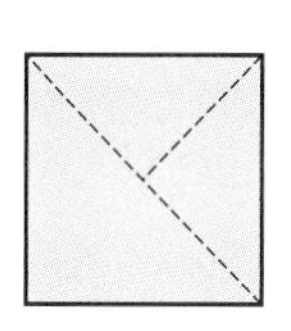

3 直角三角形は　どれと　どれですか。㋐～㋓で　答えましょう。

教 上145ページ 1　40点（□1つ20）

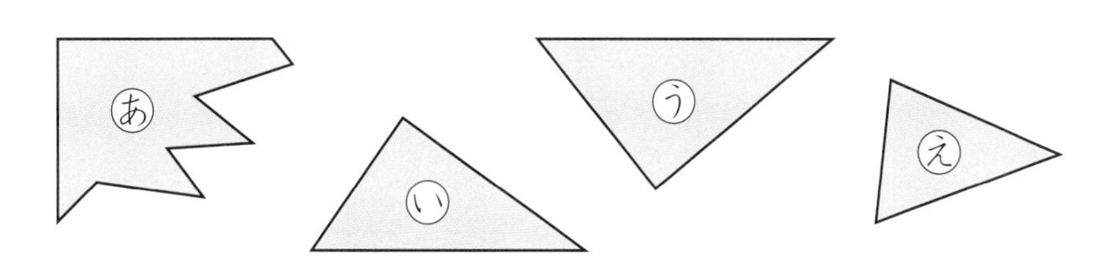

□ と □

時間 15分　合かく 80点　／100

月　日

12　かけ算(ざん)(1)

①　かけ算 ……(1)

[同(おな)じ　数(かず)ずつの　ものが　何(なん)こか　あるとき、かけ算で　ぜんぶの　数を　もとめます。]

1 同じ　数ずつ　入っている　ものの、ぜんぶの　数を　もとめます。
□に　あてはまる　数を　書(か)きましょう。　教 下5～6ページ 1

60点(ぜんぶ　できて　1つ20)

① りんごが　5さら。

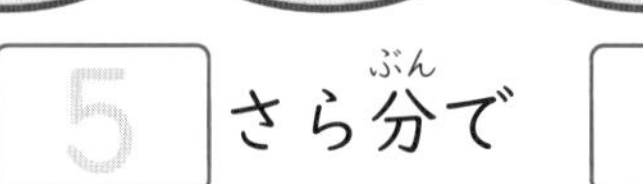

1さらに [3] こずつ [5] さら分(ぶん)で [　] こ。

② ケーキが　4はこ。

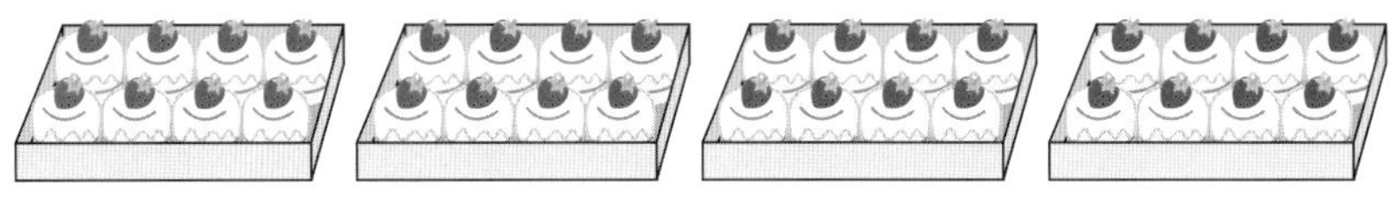

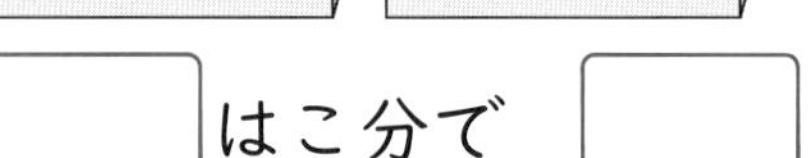

1はこに [　] こずつ [　] はこ分で [　] こ。

③ みかんが　3ふくろ。

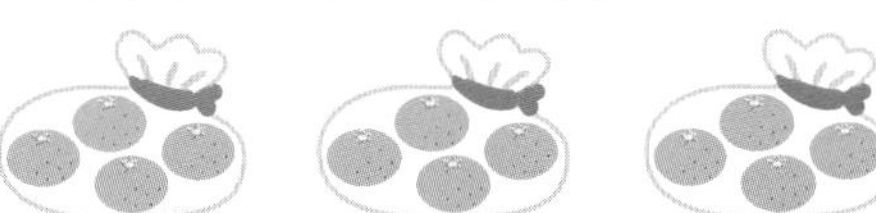

1ふくろに [　] こずつ [　] ふくろ分で [　] こ。

2 ドーナツは、ぜんぶで　何こ　ありますか。□に　あてはまる　数を　書きましょう。　教 下7ページ 2、1　40点(文　ぜんぶ　できて　20・しき20)

1はこに [　] こずつ [　] はこ分で [　] こ。

しき [4] × [　] ＝ [　]

1はこ分の　数　　はこの　数　　ぜんぶの　数

教科書 下2～7ページ

時間 15分　合かく 80点　／100　月　日

12　かけ算(ざん)(1)

①　かけ算……(2)／②　かけ算と　ばい

[4×3 の　答(こた)えは、4+4+4 の　答えと　同(おな)じです。]

1 ぜんぶで　何(なん)こ　ありますか。かけ算の　しきで　書(か)きましょう。

教 下8ページ3、▶　60点(ぜんぶ　できて　1つ20)

① いちご

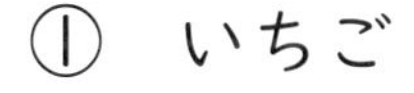

しき　[4] × [3] = [　　]

② プリン

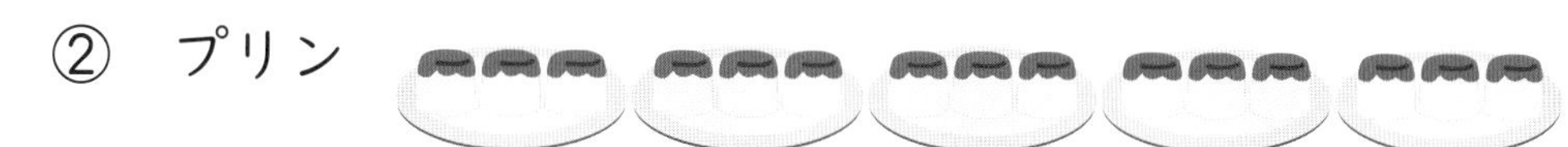

しき　[　　] × [　　] = [　　]

③ どんぐり

しき　[　　] × [　　] = [　　]

[ある数(かず)の　1こ分、2こ分、3こ分の　ことを、ある数の　1ばい、2ばい、3ばい　とも　いいます。]

2 チョコレートが、1はこに　6こずつ　入って　います。　教 下10ページ1、▶　40点(①しき20・②③1つ10)

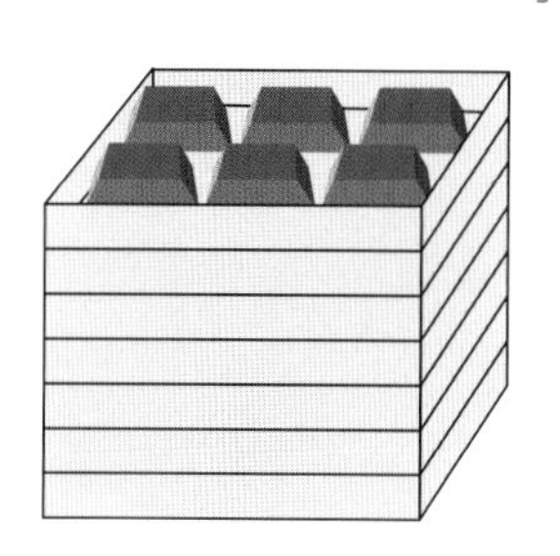

① ぜんぶの　数を　もとめる　しきを　書きましょう。

しき　[　　] × [　　] = [　　]

② ぜんぶの　数は、6この　何ばいですか。　[　　]ばい

③ ぜんぶで　何こ　ありますか。　[　　]こ

教科書 下8～10ページ

きほんのドリル 48。

時間 15分　合かく 80点　/100　月　日

答え 90ページ　サクッとこたえあわせ

12 かけ算(1)
③ 5のだんの 九九

[5のだんの 九九は、5×□と あらわされます。]

1 かけ算を しましょう。 教 下11～12ページ　45点(1つ5)

① 5×4＝20	② 5×7＝35	③ 5×2
④ 5×9	⑤ 5×1	⑥ 5×8
⑦ 5×3	⑧ 5×6	⑨ 5×5

2 かけ算の しきを 書いて、ぜんぶの 数を もとめましょう。

教 下12ページ2、3　30点(しき10・答え5)

① 花の 本数

しき □×□＝□

答え □本

② ももの 数

しき □×□＝□

答え □こ

3 おりづるを 1人が 5こずつ おります。8人では、ぜんぶで 何こ できますか。 教 下12ページ2、3　25点(しき15・答え10)

しき (　　　　　　　　)

答え □こ

きほんのドリル 49。

時間15分　合かく80点　/100

月　日

答え 90ページ　サクッとこたえあわせ

12　かけ算(1)
④　2のだんの　九九

[2のだんの　九九は、2×□と　あらわされます。]

1 かけ算を　しましょう。　教 下13〜14ページ　40点(1つ5)

① 2×3=6　② 2×7　③ 2×4

④ 2×1　⑤ 2×8　⑥ 2×5

⑦ 2×9　⑧ 2×2

2 かけ算の　しきを　書いて、ぜんぶの　数を　もとめましょう。

教 下14ページ2、3　60点(しき15・答え5)

① みかんの　数

しき　2 × □ = □　　答え □ こ

② あめの　数

しき　□ × □ = □　　答え □ こ

③ ドーナツの　数

しき　□ × □ = □　　答え □ こ

時間 15分　合かく 80点　/100

月　日

サクッとこたえあわせ　答え 91ページ

12　かけ算(1)
⑤　3のだんの　九九

[3のだんの　九九は、3×□と　あらわされます。]

1　かけ算を　しましょう。　教 下15〜16ページ　45点(1つ5)

① 3×2=6　② 3×7=21　③ 3×1

④ 3×8　⑤ 3×3　⑥ 3×5

⑦ 3×4　⑧ 3×9　⑨ 3×6

2　ぜんぶで　いくつ　ありますか。九九を　つかって　答えましょう。

教 下16ページ2、3　30点(しき10・答え5)

①　りんごの　数

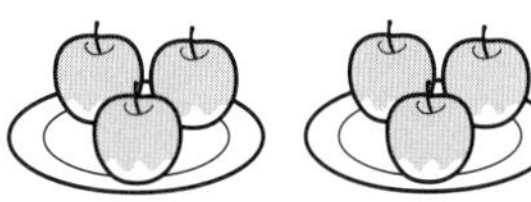

しき □×□=□　　答え □こ

②　ドーナツの　数

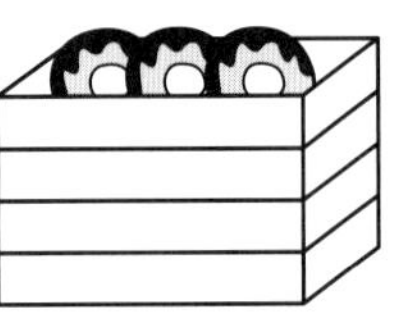

しき (　　　　　)　　答え □こ

3　1ふくろに　えんぴつが　3本ずつ　入っています。
8ふくろ分では、えんぴつは　何本に　なりますか。

教 下16ページ2、3　25点(しき15・答え10)

しき (　　　　　)

答え □本

時間 15分　合かく 80点　／100

月　日

12　かけ算(ざん)(1)
⑥　4のだんの　九九(くく)

[4のだんの　九九は、4×□と　あらわされます。]

1 かけ算を　しましょう。 教 下17～18ページ　　45点(1つ5)

① 4×6=24　　② 4×9=36　　③ 4×2

④ 4×5　　⑤ 4×1　　⑥ 4×3

⑦ 4×8　　⑧ 4×4　　⑨ 4×7

2 1ふくろに　あめが　4こずつ　入っています。
6ふくろ分(ぶん)では、あめは　何(なん)こに　なりますか。

教 下18ページ 2、3　　25点(しき15・答え10)

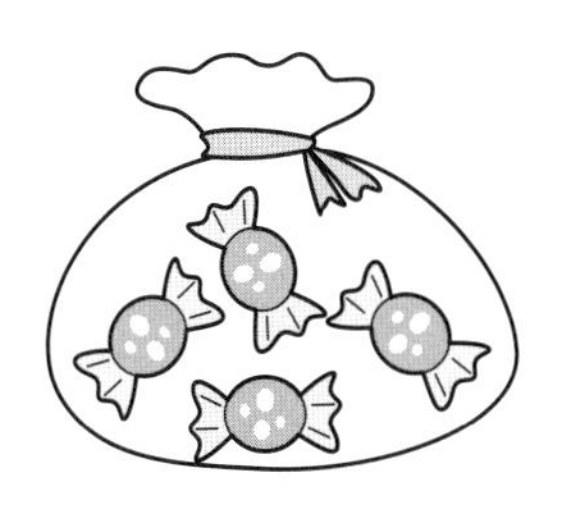

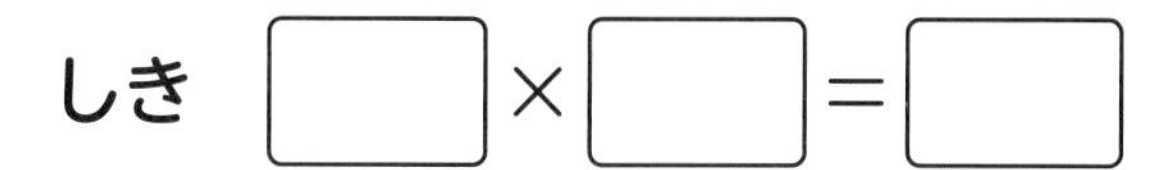

しき □×□=□

答(こた)え □こ

3 1本の　長(なが)さが　4cmの　リボンを　8本　つなげたら、
何cmに　なりますか。 教 下18ページ 2、3　　30点(しき20・答え10)

4cm 4cm 4cm 4cm 4cm 4cm 4cm 4cm

しき (　　　　　　　　)

答え □cm

まとめのドリル 52。

12 かけ算(1)

時間 15分　合かく 80点　/100

月　日

サクッとこたえあわせ　答え 91ページ

1 かけ算を　しましょう。 60点(1つ5)

① 2×7　② 5×3　③ 4×6

④ 3×9　⑤ 2×2　⑥ 5×8

⑦ 4×2　⑧ 5×1　⑨ 3×4

⑩ 2×5　⑪ 4×7　⑫ 5×9

2 ボートに　子どもが　3人ずつ　のって　います。ボートは　8そうです。
子どもは、ぜんぶで　何人ですか。

20点(しき15・答え5)

しき（　　　　　　　　）

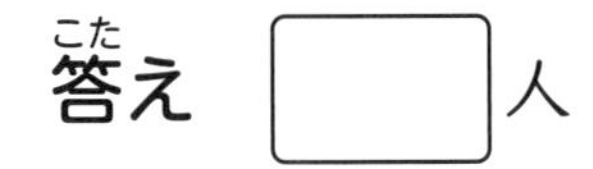

答え □ 人

3 長さ　5cmの　テープが　あります。この　テープの　9ばいの　長さは、何cm　ですか。 20点(しき15・答え5)

しき（　　　　　　　　）

答え □ cm

教科書 下2～22ページ

時間 15分　合かく 80点　/100

月　日

13 かけ算(2)
① 6のだんの 九九

[6のだんの　九九は、6×□と　あらわされます。]

1 かけ算を　しましょう。 教 下24～26ページ　45点(1つ5)

① 6×7=42　② 6×2=12　③ 6×9

④ 6×1　⑤ 6×5　⑥ 6×8

⑦ 6×3　⑧ 6×6　⑨ 6×4

2 □に　あてはまる　数を　書きましょう。 教 下24～25ページ 1　15点

6のだんでは、かける数が　1ふえると、

答えは □ だけ　ふえます。

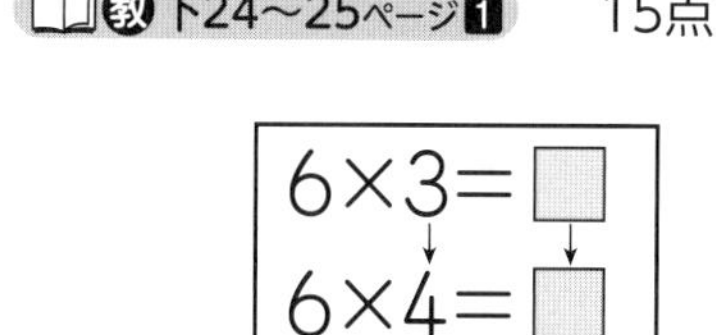

3 ぜんぶの　数を、かけ算で　もとめましょう。 教 下26ページ 2、3

40点(しき15・答え5)

① えんぴつの　数

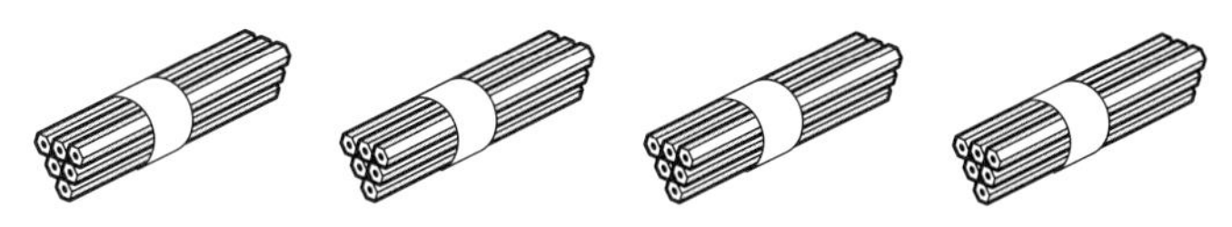

しき □×□=□　　答え □本

② たまごの　数

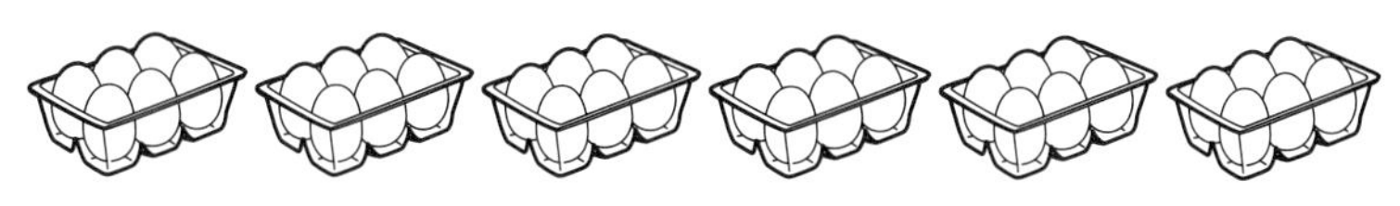

しき（　　　　　　）　答え（　　　　）

時間 15分　合かく 80点　／100

月　日

13　かけ算(2)

②　7のだんの　九九

[7のだんの　九九は、7×□と　あらわされます。]

1 かけ算を　しましょう。 教下27〜28ページ　45点(1つ5)

①　7×3=21　②　7×8=56　③　7×4

④　7×7　⑤　7×1　⑥　7×5

⑦　7×2　⑧　7×6　⑨　7×9

2 1週間は、7日です。2週間では、何日に　なりますか。

教下28ページ　25点(しき15・答え10)

しき　□×□=□

答え　□日

ミスにちゅうい！

3 4だんに　なっている　本だなが　あります。どの　だんにも　7さつずつ　本が　入っています。

本だなの　本は、ぜんぶで　何さつ　ありますか。 教下28ページ　30点(しき20・答え10)

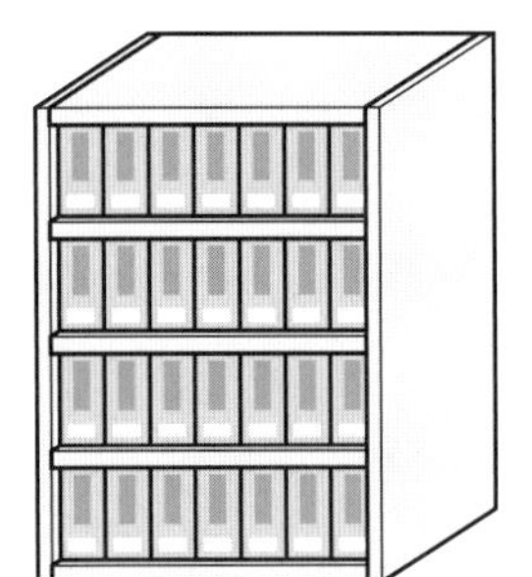

しき（　　　　　　　　）

答え（　　　　　）

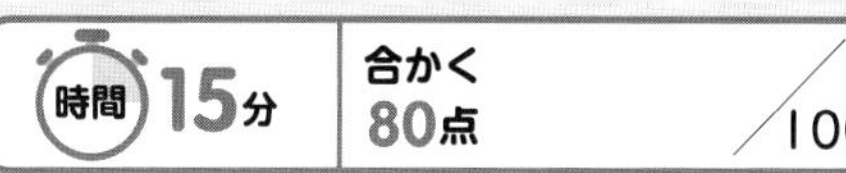

13 かけ算(2)

③ 8のだんの 九九

[8のだんの 九九は、8×□と あらわされます。]

1 かけ算を しましょう。 教 下29～30ページ　45点(1つ5)

① 8×5=40　② 8×9=72　③ 8×4

④ 8×2　⑤ 8×7　⑥ 8×8

⑦ 8×1　⑧ 8×3　⑨ 8×6

2 1はこに 8こずつ 入っている キャラメルを 6はこ 買います。キャラメルは、ぜんぶで 何こに なりますか。

教 下30ページ2　25点(しき15・答え10)

しき □×□=□

答え □こ

ミスにちゅうい!

3 4つの はんが あります。どのはんも 8人ずつです。ぜんぶで 何人ですか。 教 下30ページ2

30点(しき20・答え10)

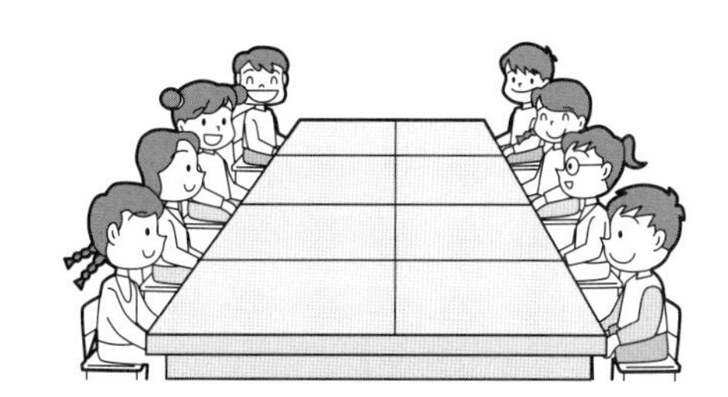

しき ( )

答え ( )

時間 15分　合かく 80点　/100

月　日

13 かけ算(2)
④ 9のだんの 九九

[9 のだんの 九九は、9×□と、あらわされます。]

1 かけ算を しましょう。 教 下31～32ページ　45点(1つ5)

① 9×2=18　② 9×5=45　③ 9×9

④ 9×3　⑤ 9×7　⑥ 9×1

⑦ 9×4　⑧ 9×8　⑨ 9×6

2 テープを 1人に 9cm ずつ あげて、リボンを 作ります。5人分では、テープは 何 cm いりますか。 教 下32ページ 2　25点(しき15・答え10)

しき □×□=□

答え □ cm

3 1はこに 魚が 9ひきずつ 入って います。3はこ 買うと、魚は ぜんぶで 何びきに なりますか。

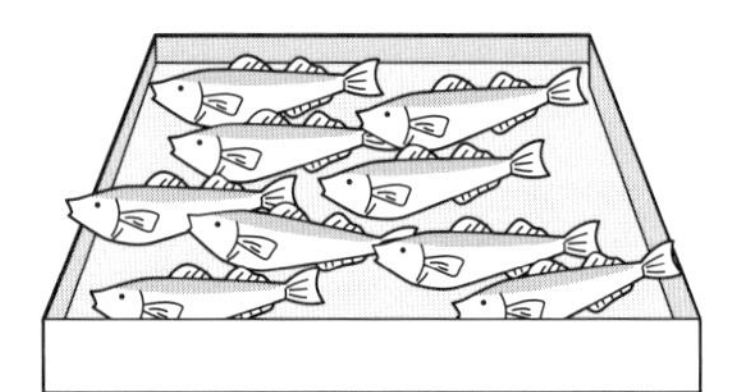

教 下32ページ 2　30点(しき20・答え10)

しき (　　　　　)

答え (　　　)

合かく 80点 ／100

月　日

13　かけ算(2)
⑤　1のだんの　九九

[1のだんの　九九は、1×□と　あらわされます。]

1 かけ算を　しましょう。 教 下33ページ　　30点(1つ5)

① 1×4＝4　　② 1×7　　③ 1×5

④ 1×9　　⑤ 1×1　　⑥ 1×8

2 ハイキングに　行きます。1人に、あめを　5こ、みかんを　3こ、りんごを　1こ　よういします。6人分では、それぞれ　何こ　いりますか。

教 下33ページ 1 ❶　　60点(しき15・答え5)

① あめは　何こ　いりますか。

しき □×6＝□　　答え □こ

② みかんは　何こ　いりますか。

しき □×□＝□　　答え □こ

③ りんごは　何こ　いりますか。

しき □×□＝□　　答え □こ

3 花は　ぜんぶで　何本　ありますか。 教 下33ページ

10点(しき7・答え3)

しき □×□＝□

答え □本

時間 15分　合かく 80点　/100

月　日

答え 92ページ

13　かけ算(2)

⑥　どんな　計算に　なるかな

[もんだいを　よく　読んで、たし算か、ひき算か、かけ算かを　考えます。]

よくよんで！

1 いちごが　1さらに　7こずつ　のっています。4さら　あります。いちごは、ぜんぶで　何こ　ありますか。　教 下34ページ 1 ❶

25点(しき15・答え10)

しき（　7×4=28　）　答え（　　　）

2 はこに　ケーキが　10こ　入っています。6こ　食べると、何こ　のこりますか。　教 下34ページ 1 ❷

25点(しき15・答え10)

しき（　　　）

答え（　　　）

3 みかんが、かごの　中に　8こ、さらの　上に　5こ　あります。ぜんぶで　何こ　ありますか。　教 下34ページ 1 ❸

25点(しき15・答え10)

しき（　　　）

答え（　　　）

ミスにちゅうい！

4 4人に　ノートを　あげます。1人に　2さつずつ　あげるには、ぜんぶで　何さつ　いりますか。　教 下34ページ 1 ❹

25点(しき15・答え10)

しき（　　　）

答え（　　　）

合かく 80点　／100

13　かけ算(2)

1 かけ算を　しましょう。　60点(1つ5)

① 6×3　② 8×5　③ 7×6

④ 9×4　⑤ 7×2　⑥ 8×1

⑦ 6×7　⑧ 8×8　⑨ 6×4

⑩ 7×9　⑪ 1×7　⑫ 9×9

⚠ミスにちゅうい!

2 ゆう園地の　のりものけんが　9まい　あります。1まいの　けんで　8回　のりものに　のれます。
　ぜんぶで　何回　のれますか。

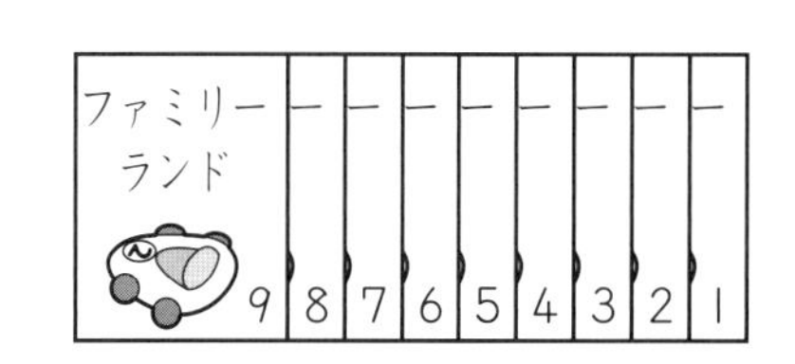

20点(しき15・答え5)

しき（　　　　　　　　）

答え（　　　　）

3 1ふくろに　パンが　8まいずつ　入っています。
　2ふくろでは、パンは　何まいに　なりますか。　20点(しき15・答え5)

しき（　　　　　　　　）

答え（　　　　）

きほんのドリル 60。

時間 15分　合かく 80点　/100

月　日

14　かけ算(3)
①　かけ算九九の　ひょう

[九九の　ひょうを　見て　考えます。]

◎かけ算九九の　ひょうを　見て　答えましょう。

かける数（横）／かけられる数（縦）

	1	2	3	4	5	6	7	8	9
1	1	2	3	4	5	6	7	8	9
2	2	4	6	8	10	12	14	16	18
3	3	6	9	12	15	18	21	24	27
4	4	8	12	16	20	24	28	32	36
5	5	10	15	20	25	30	35	40	45
6	6	12	18	24	30	36	42	48	54
7	7	14	21	28	35	42	49	56	63
8	8	16	24	32	40	48	56	64	72
9	9	18	27	36	45	54	63	72	81

1 □に　あてはまる　数を　書きましょう。

教 下40ページ 2、2　50点(1つ10)

① 2×7=［7］×2

② 5×□=8×5

③ □×6=6×4

④ 8×□=7×8

⑤ 9×3=3×□

2 つぎの　□に　あてはまる　数や　ことばを　書きましょう。

教 下38〜40ページ　50点(1つ10)

① 3のだんでは、かける数が　1ふえると、答えは［3］だけ　ふえます。

② かけ算では、かける数と［かけられる数］を　入れかえて　計算しても、答えは　同じです。

③ 5のだんの　答えの　一のくらいは　□か　5です。

④ 2のだんと　4のだんの　答えを　たすと、□のだんの　答えに　なります。

⑤ 4のだんと　5のだんの　答えを　たすと、□のだんの　答えに　なります。

時間 15分　合かく 80点　／100

月　日

14　かけ算(3)

②　九九を　こえた　かけ算

[九九を　こえた、4×10、4×11、4×12 などの　答えの　みつけ方を　考えます。]

1　4×12の　答えの　もとめ方を　考えましょう。　教 下41ページ 1

60点(□1つ10)

4のだんの　九九は　答えが　4×1=4 から　ア[4] ずつ　ふえるから、

4×9 ＝ 36
4×10＝ イ[　]　(+4)
4×11＝ エ[　]　(+ ウ[　])
4×12＝ カ[　]　(+ オ[　])

2　11×4の　計算の　しかたを　考えましょう。　教 下42ページ 1、2

40点(□1つ5)

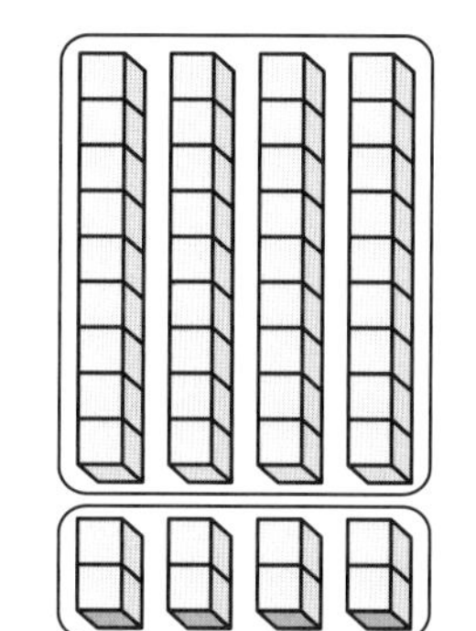

①　11を　9と　ア[　]に　分けます。

9×4＝36
イ[　]×4＝ウ[　]

だから、11×4＝36＋エ[　]＝オ[　]

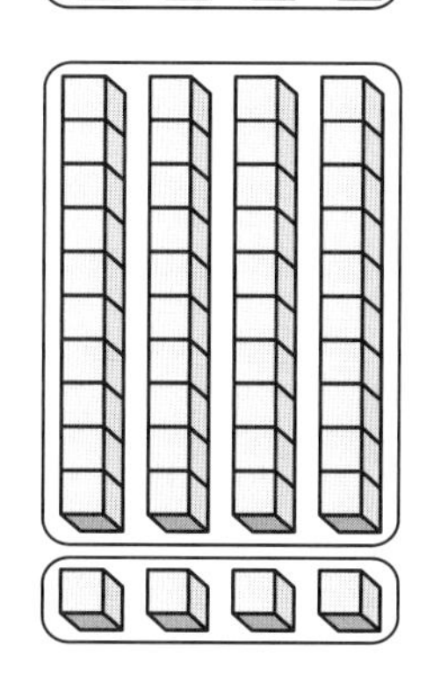

②　11を　10と　1に　分けます。

10×4は　10の　4つ分　なので、カ[　]

1×4＝4

だから、11×4＝キ[　]＋4＝ク[　]

教科書 下41〜42ページ

時間 15分　合かく 80点　／100　月　日

答え 93ページ　サクッとこたえあわせ

14　かけ算(3)

③　かけ算九九を　つかって

［かけ算の　しきを　つかえるように、●を　分けて　考えます。］

1 右の　●の　数が　ぜんぶで　何こ　あるかを、九九を　つかって、くふうして　もとめます。□に　あてはまる　数を　書きましょう。　教 下43ページ1　100点（□1つ5）

① あのように　考えると、

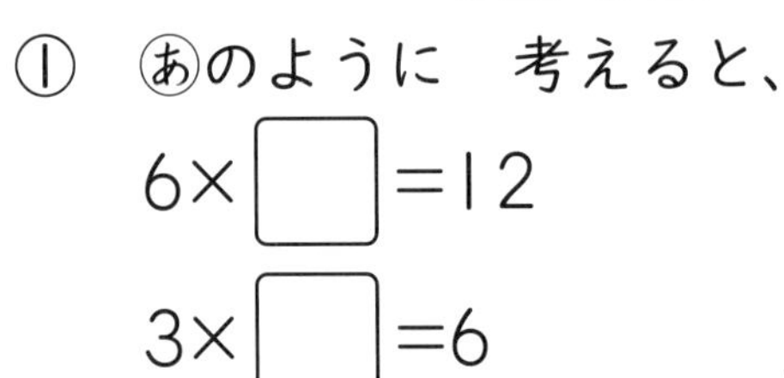

6×□=12

3×□=6

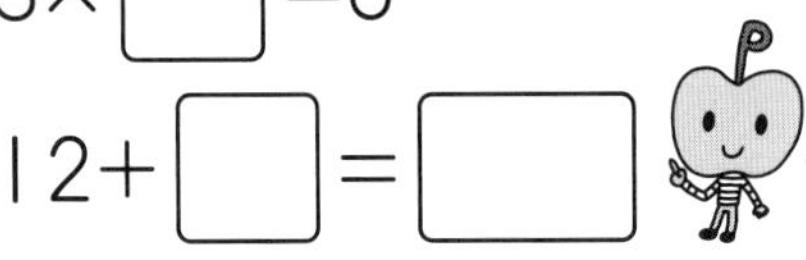

12+□=□

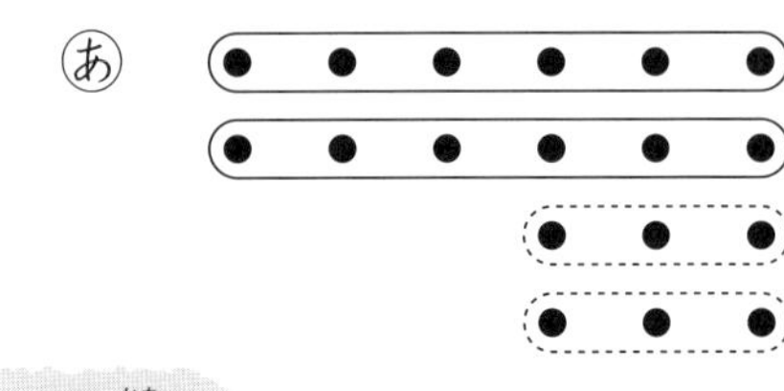

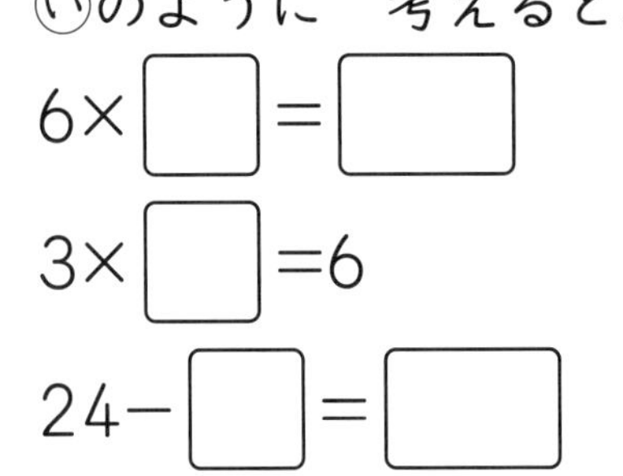

ほかにも　もとめ方を
いろいろ　くふうして
みてね。

答え □こ

② いのように　考えると、

6×□=□

3×□=6

24−□=□

答え □こ

③ うのように　考えると、

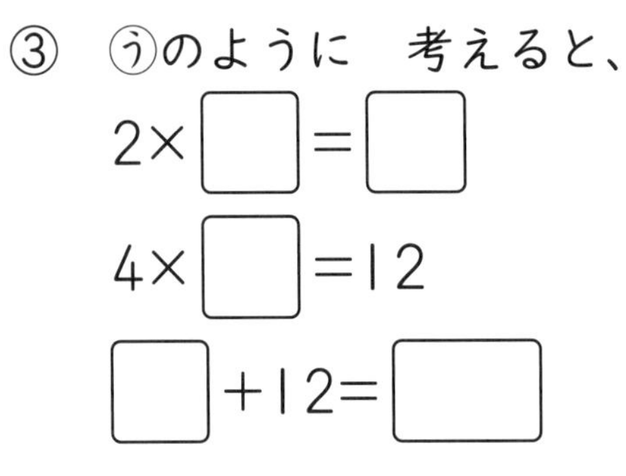

2×□=□

4×□=12

□+12=□

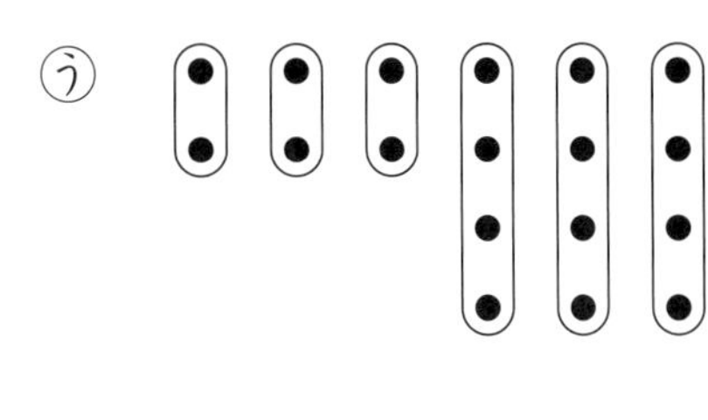

答え □こ

④ えのように　考えると、

6×□=□

答え □こ

教科書 下43ページ

15 分数

時間 15分　合かく 80点　/100

月　日

サクッとこたえあわせ　答え 93ページ

[同じ　大きさに　○つに　分けた　1つ分の　大きさの　あらわし方です。]

1 つぎの □ に　あてはまる　ことばや　数を　書きましょう。

教 下49～50ページ 1　30点(□1つ10)

同じ　大きさに　2つに　分けた　1つ分の　大きさを、もとの　大きさの　「二分の□」と　いい、□と　書きます。

このような　数を　□と　いいます。

2 色の　ついた　ところは、もとの　大きさの　何分の一ですか。

教 下51～52ページ 2、2　40点(1つ10)

① 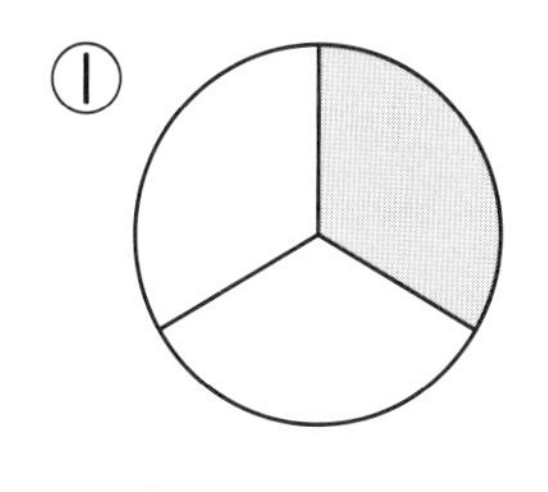
② 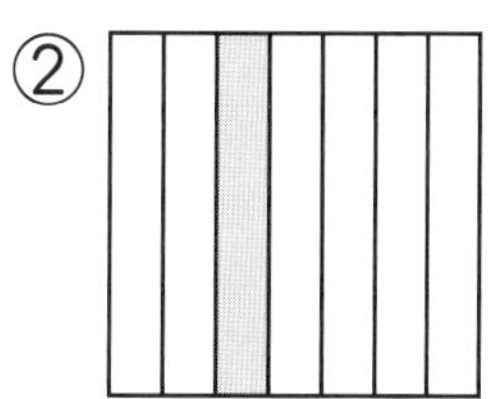
③ 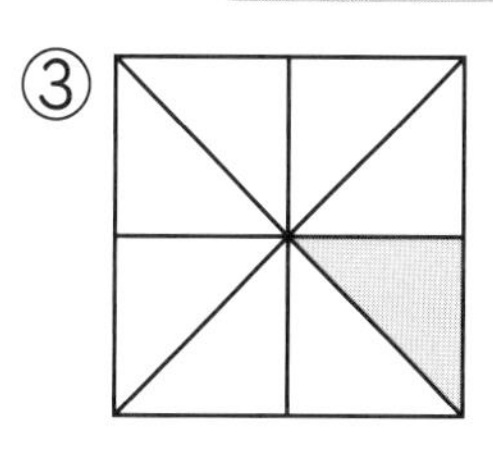
④ 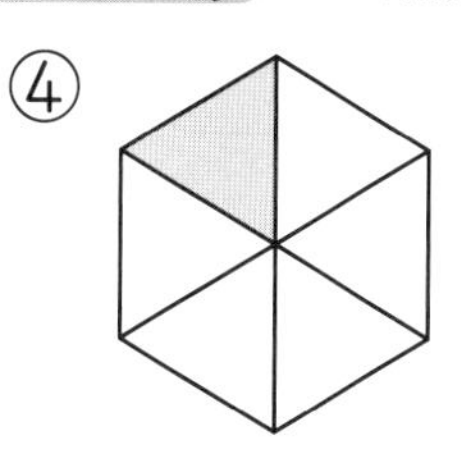

(　　) (　　) (　　) (　　)

3 チョコレートが　1はこに　18こ　入っています。　教 下54～55ページ 4　30点(1つ10)

① 18この $\frac{1}{2}$ の　大きさの　数は　何こですか。

(　　)

② 18この $\frac{1}{3}$ の　大きさの　数は　何こですか。

(　　)

③ もとの　チョコレートの　数は、$\frac{1}{3}$ の　大きさの　数の　ときの　何ばいですか。

(　　)

64 水の かさ／三角形と 四角形

時間 15分　合かく 80点　／100

月　日

サクッと こたえ あわせ

答え 93ページ

1 水が、びんに 3L4dL、ポットに 2L3dL 入っています。
20点(しき7・答え3)

① 合わせると、何L何dLに なりますか。

しき（　　　　）

答え（　　　　）

② ちがいは、どれだけですか。

しき（　　　　）

答え（　　　　）

2 つぎの かさを くらべて、多い ほうの かさを 書きましょう。
10点(1つ5)

① 3L9dL、4000mL　② 160mL、6dL

（　　　　）（　　　　）

3 つぎの □に あてはまる ことばを 書きましょう。　10点(1つ5)

三角形や 四角形で、直線の ところを ㋐□と いい、かどの 点を ㋑□と いいます。

4 つぎの 図から、長方形、正方形、直角三角形を 見つけましょう。
60点(1つ20)

あ い う え お か き く け こ

長方形（　　　　）　正方形（　　　　）　直角三角形（　　　　）

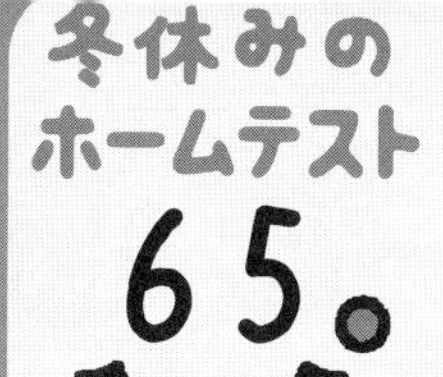

合かく 80点 ／100

月　日

かけ算／分数

1 かけ算を　しましょう。

60点(1つ5)

① 7×4　② 6×3　③ 3×5

④ 9×2　⑤ 8×1　⑥ 8×6

⑦ 6×5　⑧ 4×7　⑨ 1×6

⑩ 5×9　⑪ 7×5　⑫ 2×9

2 6×3と　答えが　同じになる　カードには　○、ちがう　答えに　なる　カードには　×を　つけましょう。

20点(1つ4)

4×3	2×9	3×5	3×6	9×2
(㋐　　)	(㋑　　)	(㋒　　)	(㋓　　)	(㋔　　)

3 色の　ついた　ところは　もとの　大きさの　何分の一ですか。

20点(1つ4)

Ⓐあ 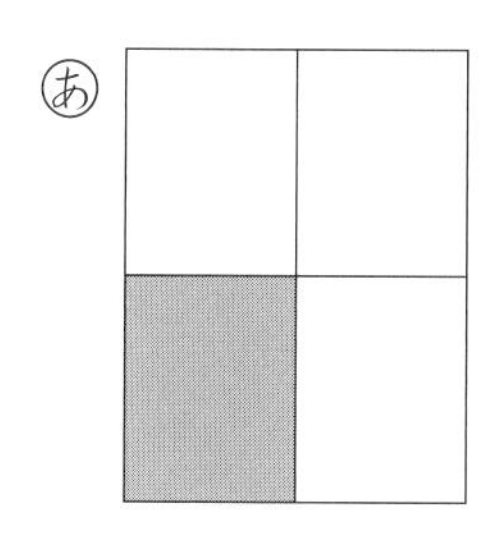

い 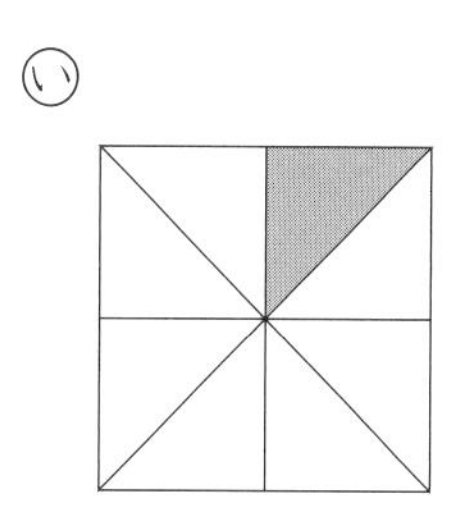

う 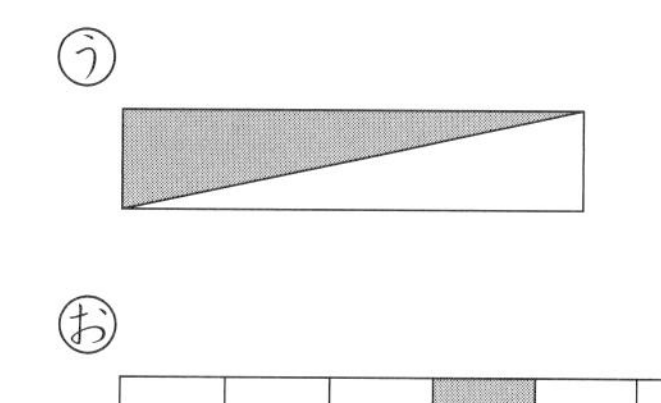

え 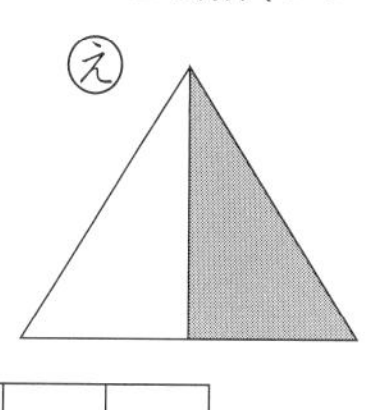

お

あ(　　　)　い(　　　)　う(　　　)

え(　　　)　お(　　　)

時間 15分　合かく 80点　／100

月　日

サクッとこたえあわせ　答え 94ページ

16 時こくと 時間(2)

[時こくは、午前や 午後を つけて 答えます。]

1 つぎの 時こくは それぞれ 何時何分ですか。

教 下61ページ 1、1▶　35点(①・②1つ10、③15)

① 午前7時10分から 30分 たった 時こく。

(　　　　　　)

② 午前7時10分から 50分 たった 時こく。

(　　　　　　)

③ 午前7時10分の 10分前の 時こく。

(　　　　　　)

2 つぎの 時間や 時こくを もとめましょう。 教 下62ページ 2▶

65点(①〜③1つ15、④20)

① 午前7時から、午前9時までの 時間。

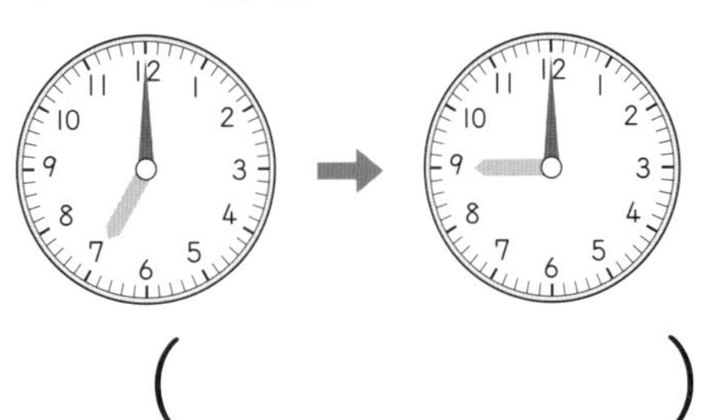

(　　　　　　)

② 午後4時から、午後7時までの 時間。

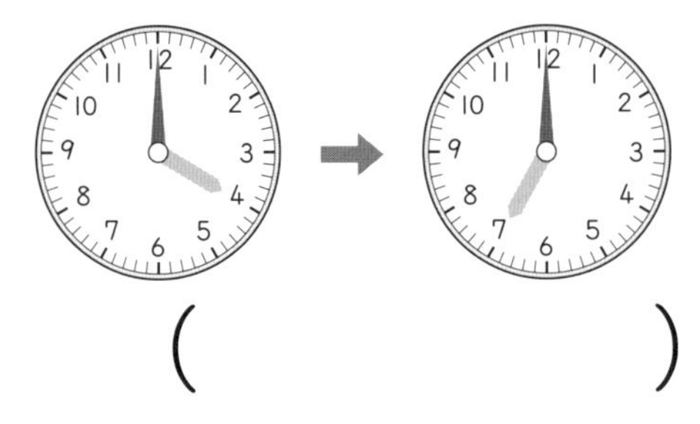

(　　　　　　)

③ 午前10時から、3時間後の 時こく。

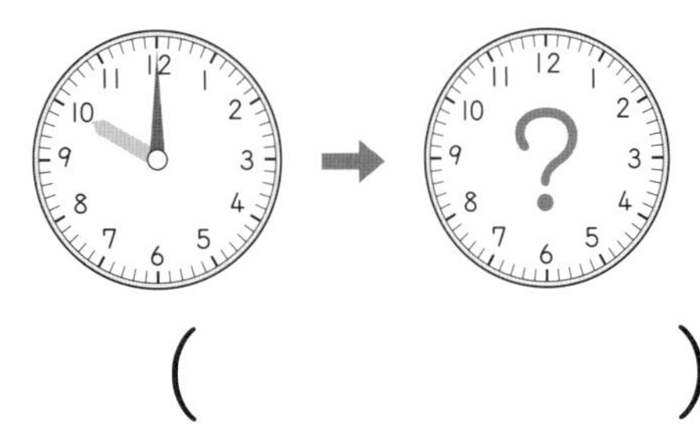

(　　　　　　)

④ 午後5時から、2時間前の 時こく。

(　　　　　　)

時間 15分　合かく 80点　／100

月　日

サクッと こたえ あわせ　答え 94ページ

17 10000までの 数(かず)

① 1000より 大きい 数の あらわし方(かた) ……(1)

[100の　たばが　10こで　1000です。]

1 □は　ぜんぶで　何(なん)こ　ありますか。 教 下66～68ページ 1　40点(1つ20)

①

千(せん)のくらい	百のくらい	十のくらい	一のくらい
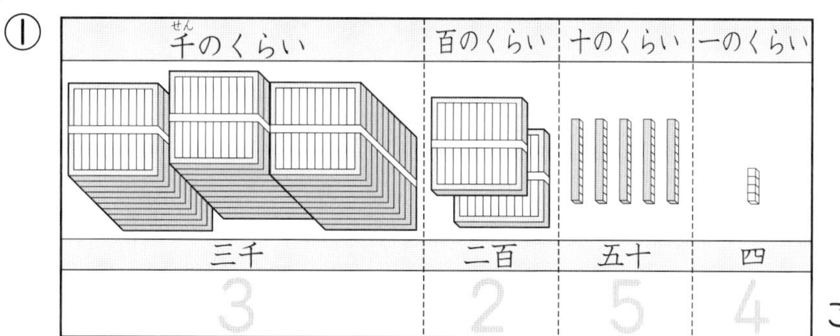			
三千	二百	五十	四
3	2	5	4

こ

②

千のくらい	百のくらい	十のくらい	一のくらい

こ

2 紙(かみ)は、ぜんぶで　何まい　ありますか。 教 下69ページ 2、▶　60点(1つ15)

① 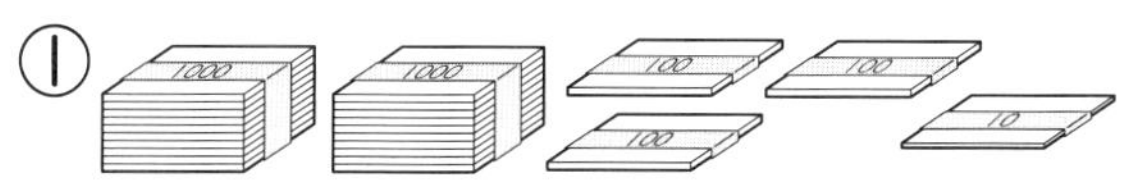

千のくらい	百のくらい	十のくらい	一のくらい

まい

② 千のたばが　3たばと、
百のたばが　7たばと、
十のたばが　8たば。

千のくらい	百のくらい	十のくらい	一のくらい

まい

③ 千のたばが　6たばと、
百のたばが　5たば。

千のくらい	百のくらい	十のくらい	一のくらい

まい

④ 千のたばが　1たばと、
十のたばが　8たば。

千のくらい	百のくらい	十のくらい	一のくらい

まい

時間 15分 合かく 80点 /100 月 日

サクッとこたえあわせ 答え 94ページ

17 10000までの 数(かず)

① 1000より 大きい 数の あらわし方(かた) ……(2)

1 つぎの 数を 数字(すうじ)で 書(か)きましょう。 教 下70ページ3 40点(1つ10)

① 五千三百十八 (　　　　)

② 九千六百 (　　　　)

③ 二千七 (　　　　)

④ 八千 (　　　　)

[たとえば、2346は、1000を 2こ、100を 3こ、10を 4こ、1を 6こ 合(あ)わせた 数です。]

2 つぎの □に あてはまる 数を 書きましょう。 教 下70ページ4

40点(①～③1つ10、④ぜんぶ できて 10)

① 1000を 2こと、100を 8こと、10を 3こと、1を 5こ 合わせた 数は、[2835]です。

② 1000を 8こと、1を 2こ 合わせた 数は、□です。

②は、100や 10が ないよ。

③ 1000を 5こと、10を 1こ 合わせた 数は、□です。

④ 5281は、1000を □こ、100を □こ、10を □こ、1を □こ 合わせた 数です。

3 つぎの 数を 数字で 書きましょう。 教 下71ページ1、2 20点(1つ10)

① 1000を 9こ あつめた 数。 (　　　　)

② 100を 40こ あつめた 数。 (　　　　)

時間 15分　合かく 80点　/100　月　日

サクッとこたえあわせ　答え 94ページ

17　10000までの数（かず）

①　1000より大きい数のあらわし方（かた）……(3)

1 つぎの　数の線（せん）を　見て　㋐、㋑の　目もりの　数を　書（か）きましょう。　教 下74ページ2　10点(1つ5)

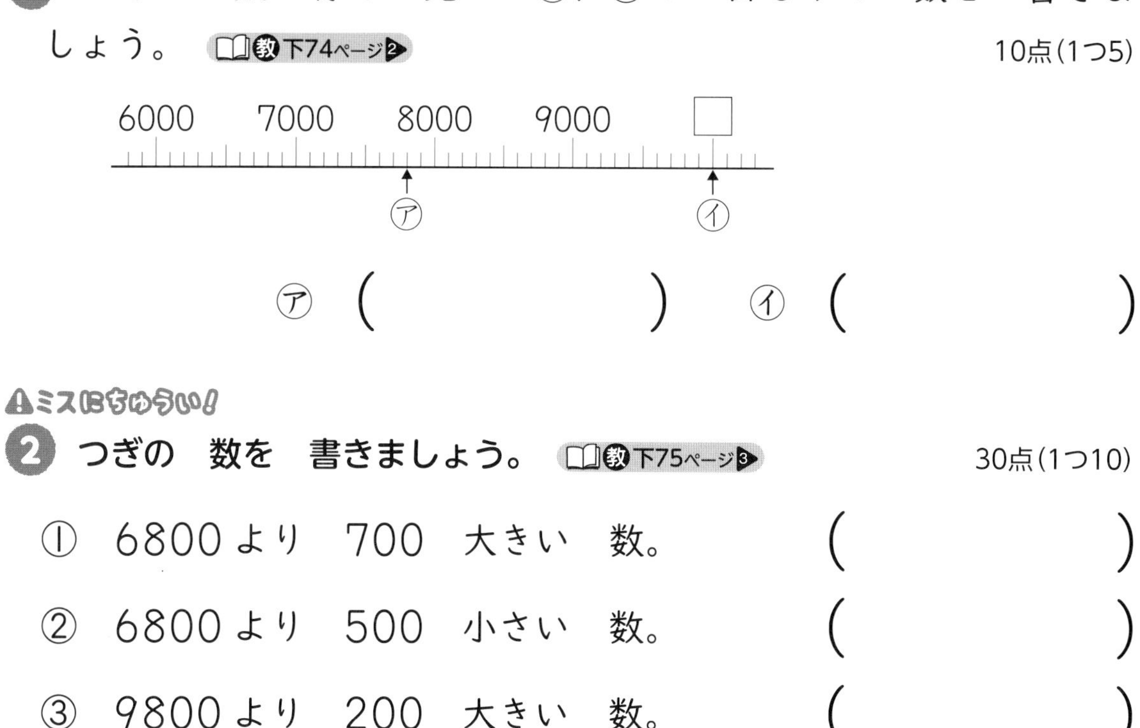

㋐（　　　　　）　㋑（　　　　　）

⚠ミスにちゅうい！

2 つぎの　数を　書きましょう。　教 下75ページ3　30点(1つ10)

① 6800より　700　大きい　数。（　　　　　）

② 6800より　500　小さい　数。（　　　　　）

③ 9800より　200　大きい　数。（　　　　　）

[数の　大きさは、数の線や　ひょうに　かいて　くらべます。]

3 どちらの　数が　大きいですか。>か　<を　つかって　あらわしましょう。　教 下75ページ4　60点(くらいの　数字（すうじ）　1だん　10・□1つ10)

① 6390 [<] 6520

6300 6400 6500 6600 6700

千	百	十	一
6	3	9	0
6	5	2	0

② 7535 [　] 7553

7520 7530 7540 7550 7560

千	百	十	一

18 長さ(2) ……(1)

答え 94ページ

[長さを　はかる　たんいに　m があります。1m=100cm です。]

1 テープの　長さを　はかりました。30cm の　ものさしで　3回と　あと　15cm　ありました。 教 下83～84ページ 1

50点(1つ25、②は　ぜんぶ　できて　25)

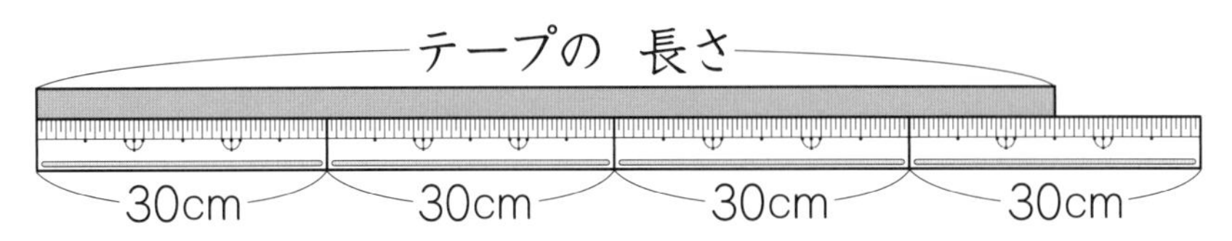

① テープの　長さは　何 cm ですか。

105 cm

② テープの　長さは　何 m 何 cm ですか。

1 m 5 cm

2 つくえの　よこの　長さを　はかったら、下の　図のように　なりました。 教 下84ページ 1

50点(1つ25、①は　ぜんぶ　できて　25)

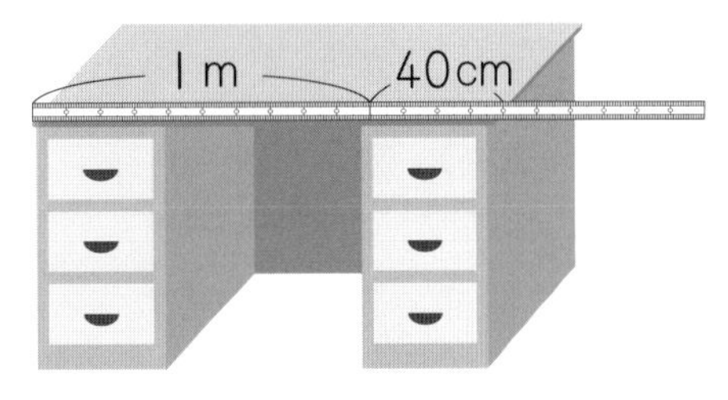

① つくえの　よこの　長さは　何 m 何 cm ですか。

□ m □ cm

② つくえの　よこの　長さは　何 cm ですか。

□ cm

時間15分 合かく80点 /100 月 日

サクッとこたえあわせ 答え 95ページ

［長さの たし算や ひき算は、同じ たんいどうしを 計算します。］

1 テープを 2つに 切ったら 下の ような 長さに なりました。もとの テープの 長さを もとめましょう。

教 下86ページ3、1 30点(しき20・答え10)

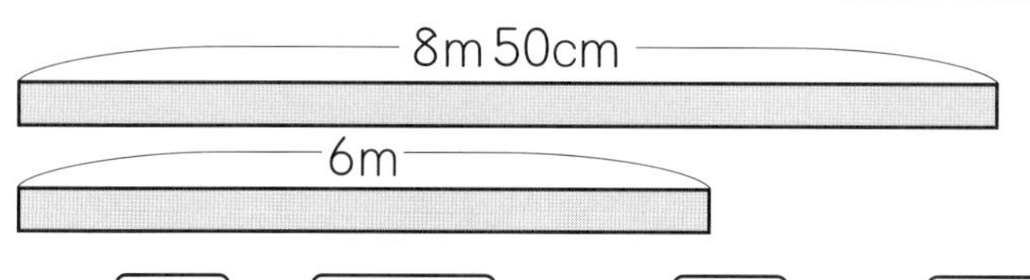

しき 8 m 50 cm＋6 m＝14 m 50 cm

答え □m □cm

2 7m10cmの ひもと 3mの ひもが あります。長さの ちがいは 何m何cmですか。 教 下84ページ3、1 30点(しき20・答え10)

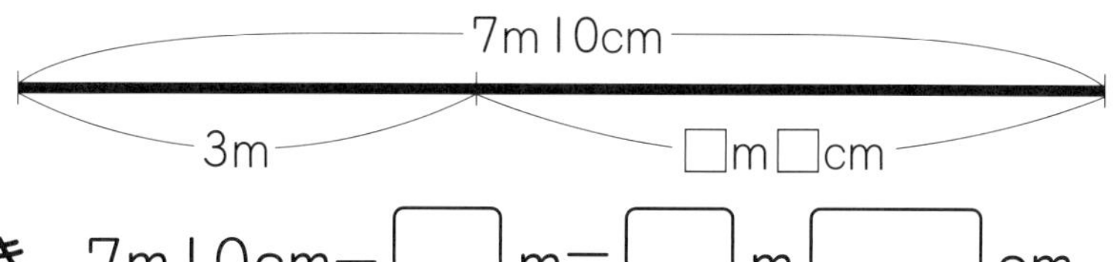

しき 7m10cm－□m＝□m□cm

答え □m □cm

ミスにちゅうい！

3 長さの 計算を しましょう。 教 下86ページ1 40点(ぜんぶ できて 1つ10)

① 4m30cm＋7m＝□m□cm

② 25m40cm－8m＝□m□cm

③ 3m40cm＋4m＝□m□cm

④ 8m56cm－3m＝□m□cm

mの ところと cmの ところを 分けて 計算すれば いいよ。

時間 15分 合かく 80点 /100

月　日

19　たし算(ざん)と　ひき算(2)　……(1)

[たし算と　ひき算は、ぎゃくの　かんけいに　なって　います。]

1 子どもが　16人で　あそんでいました。あとから　何人(なんにん)か　きたので、ぜんぶで　23人に　なりました。あとから　きたのは、何人ですか。

教 下93～94ページ 1　50点

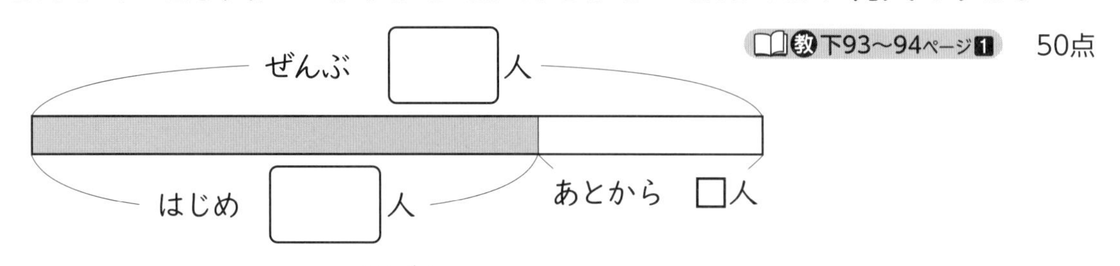

① あとから　きた　人数(にんずう)を　□人として、□を　つかった　しきを　書(か)きましょう。　20点

（　16＋□＝23　）

② 図(ず)に　わかっている　数(かず)を　書き入れて、答(こた)えを　もとめる　しきと、答えを　書きましょう。　30点（図□1つ5・しき15・答え5）

しき（　　　　）　答え（　　　　）

よくよんで！

2 はじめに　ビーズを　何こか　もっていました。うでかざりに　23こ　つかったら、12こ　のこりました。はじめに　何こ　もっていましたか。

教 下94ページ 1　50点

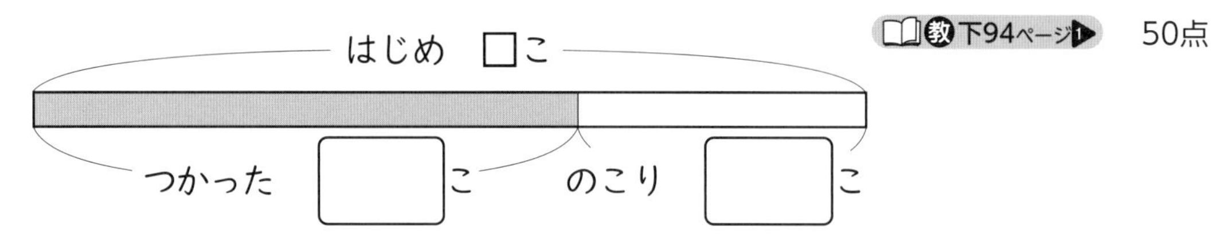

① 図に　わかっている　数を　書き入れましょう。　20点（□1つ10）

② 答えを　もとめる　しきと、答えを　書きましょう。　30点（しき20・答え10）

しき（　　　　）　答え（　　　　）

月　日

サクッと こたえ あわせ　答え 95ページ

19　たし算と　ひき算(2)　……(2)

[わからない　数を　□で　あらわして　考えます。]

1 長さが　30cmの　テープを　もっていました。何cmか　つかったので、のこりは　12cmに　なっていました。つかったのは　何cmですか。

教 下95ページ 2　40点

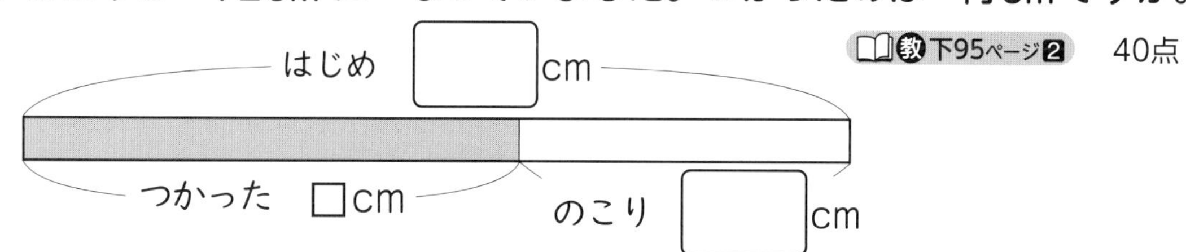

① 図に　わかっている　数を　書き入れましょう。　10点(□1つ5)

② 答えを　もとめる　しきと、答えを　書きましょう。　30点(しき20・答え10)

しき（　　　　　　　　）　答え（　　　　）

よくよんで！

2 いちごが、33こ　ありました。ゆみさんが、何こか　食べたので、のこりは　27こに　なりました。ゆみさんが、食べたのは　何こですか。

教 下96ページ 1、2　60点

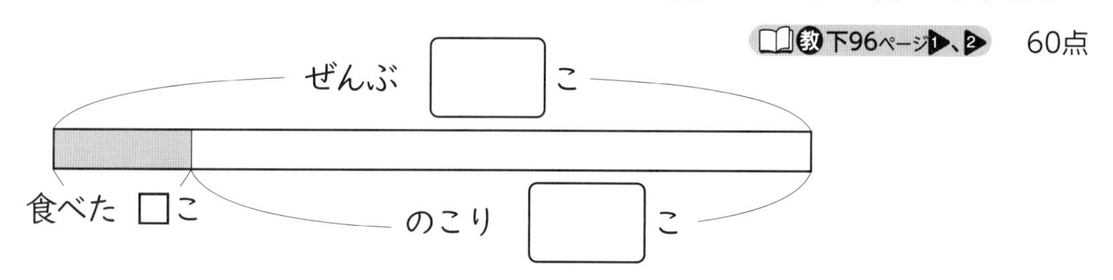

① 図に　わかっている　数を　書き入れましょう。　10点(□1つ5)

② のこりの　こ数を　もとめる　しきを　書きましょう。　20点

しき（　　　　　　　　）

③ 答えを　もとめる　しきと、答えを　書きましょう。　30点(しき20・答え10)

しき（　　　　　　　　）　答え（　　　　）

時間15分　合かく80点　/100

月　日

19　たし算と　ひき算(2)　……(3)

答え 95ページ

よくよんで！

1 図を　見て、もんだいを　作りましょう。　教 下97ページ3、1

100点(㋐〜㋒1つ5・しき15・答え5)

① ぜんぶ □まい

赤い　カード　12まい　白い　カード　16まい

赤い　カードが ㋐［12］まい、白い　カードが ㋑［16］まい

あります。ぜんぶで ㋒［何まい］ですか。

しき □＋□＝□　　答え □まい

② ぜんぶ　30こ

りんご　13こ　みかん　□こ

りんごと　みかんが、ぜんぶで ㋐□ こ　あります。りんごは ㋑□ こ　あります。みかんは ㋒□ ですか。

しき □−□＝□　　答え □こ

③ ぜんぶ　17本

はじめ　9本　もらった　□本

かんジュースが ㋐□ 本　あります。あとから　何本か

もらったので、ぜんぶで ㋑□ 本に　なりました。あとから

もらったのは、何本ですか。

しき □−□＝□　　答え □本

月　日

サクッと こたえ あわせ

答え 95ページ

20　しりょうの　せいり

1 たかしさんは、あつめた　シールを　ノートに　はりました。

教 下98〜99ページ 1　100点

① それぞれの　シールの　まい数を、ひょうに　書きましょう。
40点（どうぶつ1つ10）

シールの　数

シール	ねこ	ぶた	いぬ	うさぎ
まい数（まい）				

② いちばん　多い　シールは　どれですか。
また、そのまい数は、何まいですか。
20点（1つ10）

（　　　　）、（　　　　）まい

③ それぞれの　シールの　まい数を、○を
つかって、まい数が　多い　じゅんに
左から　グラフに　あらわしましょう。
20点（どうぶつ1つ5）

シールの　数

④ シールは　ぜんぶで　何まい　あります
か。
20点

（　　　　）まい

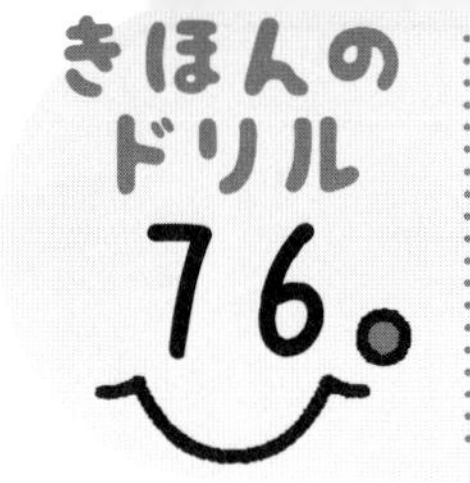

21　はこの　形 ……(1)

[はこには、面、へん、ちょう点が　あります。]

1 はこの　形で、たいらな　ところを　うつしとりました。紙に　うつしとった　はこを、あ～うで　答えましょう。 教下102～103ページ1

40点(1つ20)

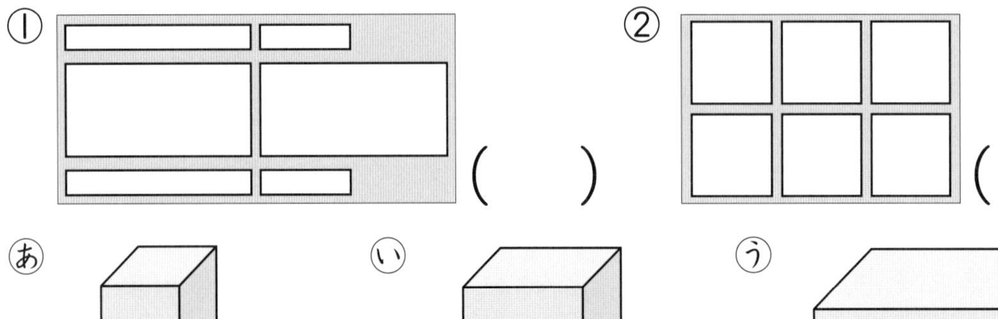

2 右下の　はこの　形に　ついて、□に　あてはまる　ことばを　書きましょう。 教下102ページ1、106ページ4

30点(1つ10)

① はこの　形で、たいらな　ところを　[面]と　いいます。

② はこの　形で、面と　面の　さかいになって　いる　直線の　ところを、[へん]といいます。

③ はこの　形で、3本の　へんが　あつまった　ところを　[ちょう点]と　いいます。

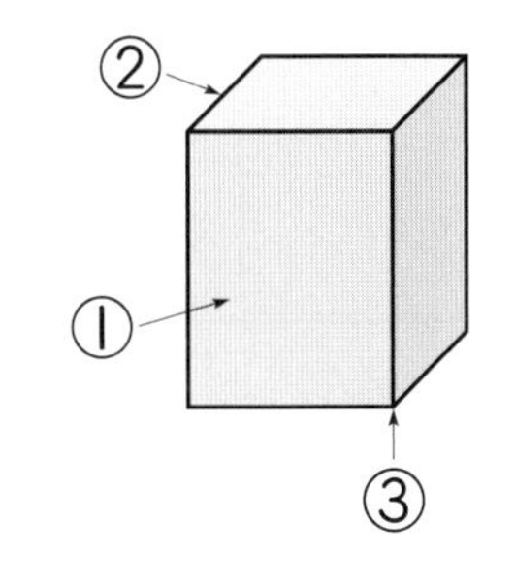

3 さいころの　形を　見て、答えましょう。 教下102～103ページ1

30点(1つ15)

① 面の　数は、(　　　　)つです。

② 面の　形は、(　　　　　　)です。

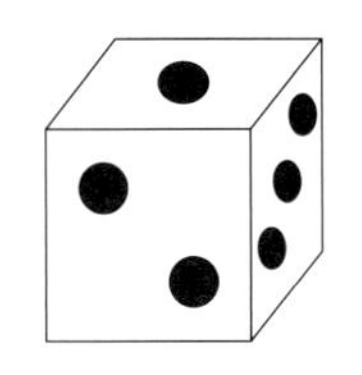

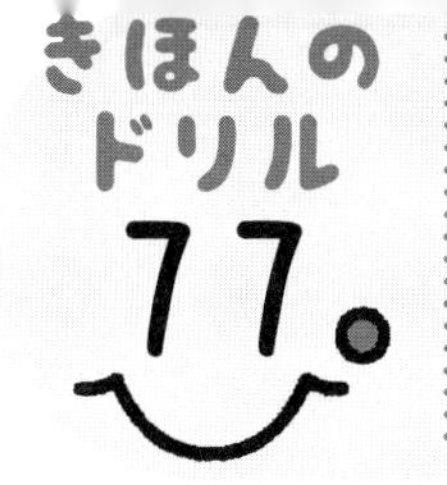

21　はこの　形（かたち）　……(2)

[ひごが　へん、ねん土玉が　ちょう点（てん）に　なります。]

1 ひごと　ねん土玉で、右のような　はこの　形を　作（つく）ります。

教 下106ページ4　　60点（①□1つ15、②15）

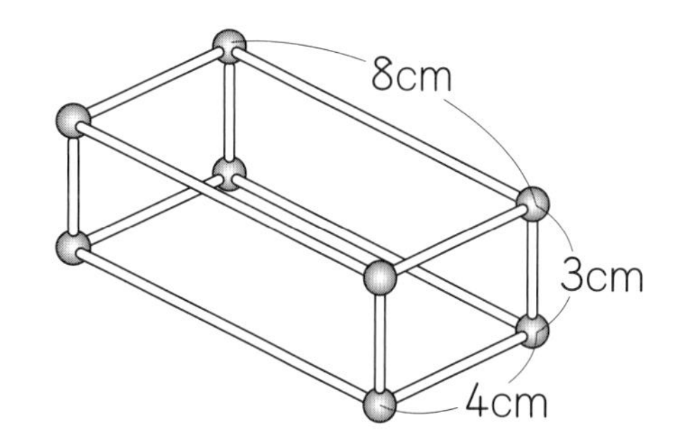

① ひごは　それぞれ　何本（なんぼん）　いりますか。

8cm　㋐ 4　本

3cm　㋑ 　本

4cm　㋒ 　本

どの　ひごの　長（なが）さが
同（おな）じか、よく　たしかめましょう。

② ねん土玉は　何こ　いりますか。

（　　　　）こ

2 右の　さいころの　形を、ひごと　ねん土玉で　作ります。　教 下106ページ1

40点（1つ20、①は　ぜんぶ　できて　20）

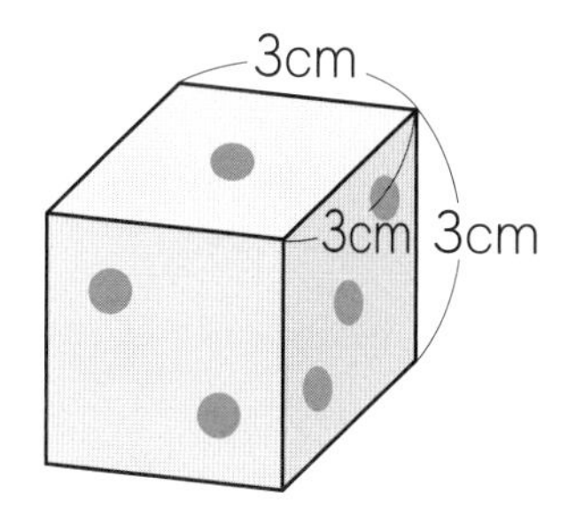

① 何cmの　ひごが　何本　いりますか。

（　　　　）cmが（　　　　）本

② ねん土玉は　何こ　いりますか。

（　　　　）こ

時間 15分　合かく 80点　/100

月　日

サクッと こたえ あわせ　答え 96ページ

たし算(ざん)の ひっ算(さん)／ひき算の ひっ算／長(なが)さ

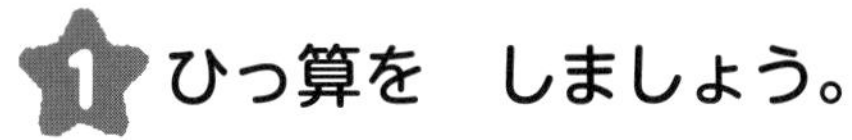

1 ひっ算を しましょう。　30点(1つ5)

① $\begin{array}{r} 15 \\ +24 \\ \hline \end{array}$

② $\begin{array}{r} 27 \\ +34 \\ \hline \end{array}$

③ $\begin{array}{r} 9 \\ +65 \\ \hline \end{array}$

④ $\begin{array}{r} 65 \\ +91 \\ \hline \end{array}$

⑤ $\begin{array}{r} 700 \\ +600 \\ \hline \end{array}$

⑥ $\begin{array}{r} 238 \\ +\ \ 45 \\ \hline \end{array}$

2 ひっ算を しましょう。　30点(1つ5)

① $\begin{array}{r} 97 \\ -63 \\ \hline \end{array}$

② $\begin{array}{r} 65 \\ -59 \\ \hline \end{array}$

③ $\begin{array}{r} 24 \\ -17 \\ \hline \end{array}$

④ $\begin{array}{r} 132 \\ -\ \ 64 \\ \hline \end{array}$

⑤ $\begin{array}{r} 1000 \\ -\ \ 400 \\ \hline \end{array}$

⑥ $\begin{array}{r} 385 \\ -\ \ 29 \\ \hline \end{array}$

3 □に あてはまる 数(かず)を 書きましょう。　40点(ぜんぶ できて 1つ10)

① 235cm＝□m □cm

② 18mm＝□cm □mm

③ 3cm4mm＋5cm8mm＝□cm □mm

④ 4m30cm－1m10cm＝□m □cm

時間 15分　合かく 80点　/100

月　日

水の　かさ／三角形と　四角形／かけ算

答え 96ページ

1 水とうには　1L5dL、やかんには　1L8dLの　水が　入っています。

20点（しき7・答え3）

① 水の　かさは　合わせて　何L何dLですか。

しき（　　　　　　　　　　　　　　）

答え（　　　　　）

② やかんに　入っている　水の　かさは、水とうより　何dL多いですか。

しき（　　　　　　　　　　　　　　）

答え（　　　　　）

2 下の　図の　中で、長方形、正方形、直角三角形は　どれですか。㋐～㋔で　答えましょう。

30点（1つ10）

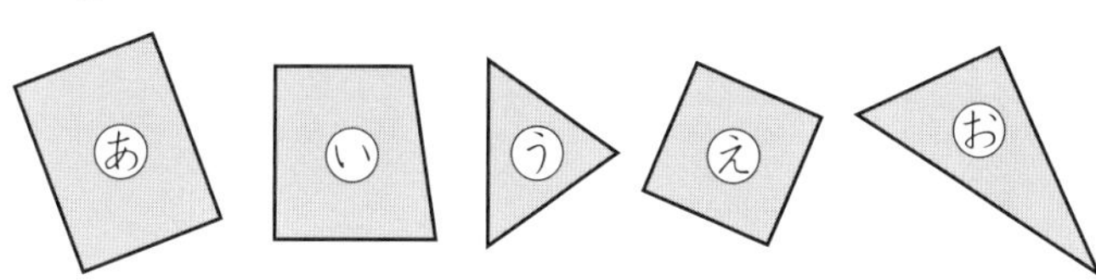

長方形（　　　　）

正方形（　　　　）　直角三角形（　　　　）

3 かけ算を　しましょう。

50点（1つ5）

① 4×7　② 8×5　③ 3×9

④ 2×6　⑤ 6×6　⑥ 7×3

⑦ 9×4　⑧ 5×7　⑨ 1×4

⑩ 7×8

時間 15分　合かく 80点　／100

月　日

答え 96ページ

サクッと こたえ あわせ

分数／10000までの 数／たし算と ひき算

1 つぎの 数を 数字で 書きましょう。　50点(1つ10)

① 1000を 4こと、10を 6こと、1を 3こ 合わせた 数。

(　　　　)

② 100を 30こと、1を 76こ 合わせた 数。

(　　　　)

③ 6200より 800 大きい 数。

(　　　　)

④ 7000より 1000 小さい 数。

(　　　　)

⑤ 同じ 大きさに 6つに 分けた 1つ分の 大きさ。

(　　　　)

2 みち子さんは 色紙を もっていました。おりづるを 作るため さき子さんに 14まい あげました。のこりの 色紙を 数えたら、16まいに なっていました。はじめに、何まい もっていましたか。　50点

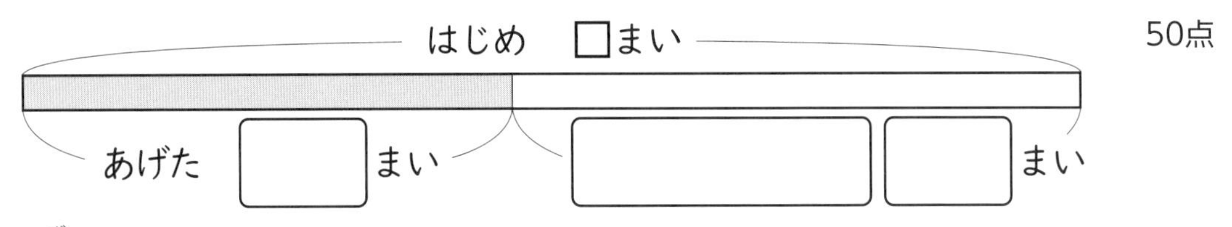

① 図に、わかっている ことばや 数を 書き入れましょう。　15点(□1つ5)

② 答えを もとめる しきと、答えを 書きましょう。　35点(しき20・答え15)

しき (　　　　　　)　答え (　　　　)

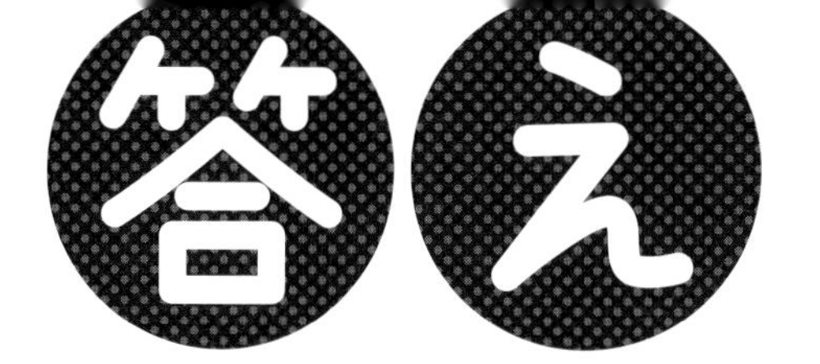

●ドリルやテストがおわったら、うしろの「がんばりひょう」にシールをはりましょう。
●まちがえたら、かならずやり直しましょう。「考え方」もよみ直しましょう。

1. 1 ひょうと グラフ 1ページ

1 ①

すきな くだもの

くだもの	みかん	りんご	バナナ	ぶどう	いちご
人数(人)	5	7	4	6	8

②

すきな くだもの

				○
	○			○
	○		○	○
○	○		○	○
○	○	○	○	○
○	○	○	○	○
○	○	○	○	○
○	○	○	○	○
みかん	りんご	バナナ	ぶどう	いちご

考え方 数えまちがいをしないように、数えたものには／や○のしるしをつけておきましょう。
① ひょうは、人数がわかりやすいです。
② グラフは、一目見るだけで、人数が多いか少ないかがわかります。いちばん多い人数のくだものを見つけることも、かんたんにできます。

2. 1 ひょうと グラフ 2ページ

1 ①(右のひょう)
②(赤)で (6)本。
③(赤)が
(3)本 多い。

チューリップの 色

○			
○		○	
○	○	○	
○	○	○	○
○	○	○	○
○	○	○	○
赤	白	黄	ピンク

考え方 **1** ①1本を○1こであらわして、グラフをかきます。②○の数がいちばん多いのが赤とわかります。③赤は6本、ピンクは3本だから、6−3=3で、赤が3本多いとわかります。

3. 2 時こくと 時間(1) 3ページ

1 ①8時30分 ②2時 ③12時
④5時15分 ⑤7時35分 ⑥1時43分

2 ①40 ②25 ③60 ④60

考え方 **1** ①みじかいはりが8と9の間なので8時、長いはりが6をさしているので30分です。12から6まで、小さい目もりが30あります。②みじかいはりが2をさし、長いはりが12をさしているので、ちょうど2時です。
2 ①長いはりが10分から50分まですすんだので、50−10=40で、40分間です。

4. 2 時こくと 時間(1) 4ページ

1 ①午前8時 ②午後6時20分
③午前10時37分 ④午後2時40分

2 ①24 ②12 ③午後 ④2

3 4時間

考え方 1日のうち、正午の前が午前、後が午後です。
1 ①8時に午前をつけます。②6時20分に午後をつけます。③10時37分に午前をつけます。④2時40分に午後をつけます。
2 ③午前0時は24時ともいいます。
3 正午までと、正午からあとに分けて考えます。

5 3 2けたの たし<ruby>算</ruby>と ひき算 5ページ

❶ ① 13 + 25
②㋐3 ㋑8 ㋒38 ㋓38
㋔38

考え方 ❶ ②2 けたのたし算です。
13+25 は、10 のたばが 1+2=3(こ)なので 30、ばらが 3+5=8(こ)、合(あ)わせて 38 ともとめることができます。

6 3 2けたの たし算と ひき算 6ページ

❶ ① 36 − 12
②㋐6 ㋑2 ㋒4 ㋓4
㋔24 ㋕24 ㋖24

考え方 ❶ ①36 から 12 こへった、のこりをもとめるから、ひき算のしきを作(つく)ります。② たし算と同(おな)じように、10 のたばとばらに分(わ)けてひき算をします。

7 4 たし算(さん)の ひっ算 7ページ

❶
① $\begin{array}{r} 21 \\ +64 \\ \hline 85 \end{array}$ ② $\begin{array}{r} 52 \\ +17 \\ \hline 69 \end{array}$ ③ $\begin{array}{r} 23 \\ +35 \\ \hline 58 \end{array}$

④ $\begin{array}{r} 16 \\ +83 \\ \hline 99 \end{array}$ ⑤ $\begin{array}{r} 44 \\ +32 \\ \hline 76 \end{array}$ ⑥ $\begin{array}{r} 65 \\ +\ \ 4 \\ \hline 69 \end{array}$

❷
① $\begin{array}{r} 61 \\ +18 \\ \hline 79 \end{array}$ ② $\begin{array}{r} 25 \\ +32 \\ \hline 57 \end{array}$

③ $\begin{array}{r} 50 \\ +43 \\ \hline 93 \end{array}$ ④ $\begin{array}{r} 3 \\ +42 \\ \hline 45 \end{array}$

考え方 ひっ算は、たてにくらいをそろえて書(か)き、一のくらい、十のくらいのじゅんに計算(けいさん)します。

8 4 たし算の ひっ算 8ページ

❶
① $\begin{array}{r} 13 \\ +28 \\ \hline 1\ \\ 41 \end{array}$ ② $\begin{array}{r} 56 \\ +36 \\ \hline 1\ \\ 92 \end{array}$

③ $\begin{array}{r} 25 \\ +49 \\ \hline 1\ \\ 74 \end{array}$ ④ $\begin{array}{r} 62 \\ +19 \\ \hline 1\ \\ 81 \end{array}$

❷
① $\begin{array}{r} 18 \\ +25 \\ \hline 43 \end{array}$ ② $\begin{array}{r} 36 \\ +47 \\ \hline 83 \end{array}$ ③ $\begin{array}{r} 65 \\ +25 \\ \hline 90 \end{array}$

④ $\begin{array}{r} 43 \\ +27 \\ \hline 70 \end{array}$ ⑤ $\begin{array}{r} 38 \\ +\ \ 4 \\ \hline 42 \end{array}$ ⑥ $\begin{array}{r} 9 \\ +68 \\ \hline 77 \end{array}$

考え方 たてにくらいをそろえて書き、一のくらい、十のくらいのじゅんに計算します。十のくらいにくり上(あ)がった 1 をわすれないように、十のくらいでたすようにします。

9 4 たし算の ひっ算 9ページ

❶ ㋐26 ㋑26
㋒14

❷ ①㋐47 ㋑47 ㋒55
②㋐10 ㋑10 ㋒55

❸ ①㋐7 ㋑7 ㋒20 ㋓59
②㋐32 ㋑32 ㋒40 ㋓83

考え方 たし算では、たすじゅんじょを入れかえても、答(こた)えは同じになります。

10 4 たし算の ひっ算 10ページ

❶ ①88 ②69 ③94
④73 ⑤84 ⑥87

❷
① $\begin{array}{r} 72 \\ +\ \ 8 \\ \hline 80 \end{array}$ ② $\begin{array}{r} 64 \\ +32 \\ \hline 96 \end{array}$ ③ $\begin{array}{r} 16 \\ +36 \\ \hline 52 \end{array}$

❸
① $\begin{array}{r} 38 \\ +24 \\ \hline 62 \end{array}$ ② $\begin{array}{r} 3 \\ +52 \\ \hline 55 \end{array}$ または $\begin{array}{r} 30 \\ +52 \\ \hline 82 \end{array}$

考え方 くり上がった数(かず)をわすれないことがたいせつです。
❸ ひっ算では、たてにくらいをそろえます。

おうちのかたへ くり上がりのあるたし算では、くり上がった数を小さく書いておくと、忘れにくいです。

11。 5 ひき算の ひっ算（さん） 11ページ

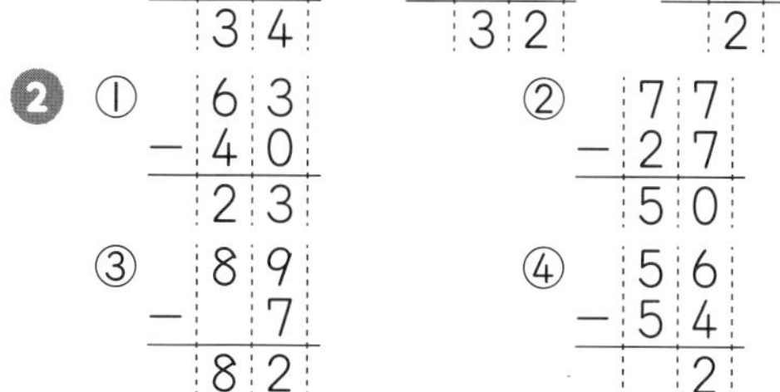

考え方 たてにくらいをそろえて、一のくらい、十のくらいのじゅんに計算（けいさん）します。

2 ④十のくらいの答（こた）えの0は書（か）きません。

12。 5 ひき算の ひっ算 12ページ

1 ① 63 − 25 = 38（5 10）　② 91 − 42 = 49（8 10）

③ 37 − 19 = 18（2 10）　④ 53 − 29 = 24（4 10）

2 ① 70 − 27 = 43　② 30 − 17 = 13　③ 53 − 46 = 7

④ 90 − 25 = 65　⑤ 22 − 13 = 9　⑥ 52 − 6 = 46

考え方 十のくらいから一のくらいへ、くり下（さ）がりのあるひき算のひっ算です。十のくらいを計算するとき、1くり下げたのをわすれないようにします。

1 ①一のくらいは、3から5がひけないので、十のくらいから1くり下げて、13−5=8。十のくらいは、1くり下げたので、5−2=3。答えは38です。

13。 5 ひき算の ひっ算 13ページ

1 ① しき　35−22=13

答え　13まい

② しき　13+22=35

答え　35まい

2 ① 48 − 16 = 32　② 36 − 29 = 7　③ 40 − 8 = 32

たしかめ　32 + 16 = 48　たしかめ　7 + 29 = 36　たしかめ　32 + 8 = 40

考え方 ひき算の答えのたしかめは、答えとひく数をたして、ひかれる数になるかどうかを計算します。

2 ①48−16=32 のたしかめは、32+16=48 と計算します。

14。 5 ひき算の ひっ算 14ページ

1 ①53　②17　③9

2 ① 66 − 25 = 41　② 74 − 19 = 55　③ 50 − 26 = 24

3 しき　56−18=38　答え　38さつ

4 ① 54 − 13 = 41　② 74 − 28 = 46

たしかめ　41 + 13 = 54　たしかめ　46 + 28 = 74

考え方 1、2 ひっ算では、たてにくらいをそろえて書きます。一のくらい、十のくらいのじゅんに計算します。ひけないときは、上のくらいから1くり下げます。そして、くり下げた1をわすれないように、ひいておきます。

4 ひき算のたしかめは、答えにひく数をたして、ひかれる数になるかどうかを計算します。①たしかめは、41+13=54 です。

おうちのかたへ けた数が増えても、計算の仕方は同じで、下の位から順に計算します。

15. 6 長さ(1)　15ページ

❶ ①本の　しおり

たて(15)ます分　よこ(4)ます分

図書かんの　カード

たて(6)ます分　よこ(9)ます分

② しき(15−6=9)

答え(しおり)が　(9)ます分　長い。

❷ ①7　②10

考え方 ❶ たてやよこの長さを、工作用紙の何ます分かであらわして、くらべます。
❷ 1目もり分が1cmの工作用紙の目もりをつかって長さをあらわします。cmは長さのたんいで、センチメートルと読みます。

16. 6 長さ(1)　16ページ

❶ ①5 cm　②6 cm 5 mm

❷ ①80　②25

③69

④23 mm=2 cm 3 mm

⑤95mm=9 cm 5 mm

❸ ①㋐　②㋑

考え方 ❶ ものさしをつかって長さをはかります。ものさしの大きな1目もりは1cm、小さな1目もりは1mmです。

17. 6 長さ(1)　17ページ

❶ しき　8 cm 5 mm+6 cm

=14 cm 5 mm

答え　14 cm 5 mm

❷ しき　7cm 1 mm−4 cm=3 cm 1 mm

答え　3 cm 1 mm

❸ ①11 cm 3 mm　②16 cm 8 mm

③17 cm 4 mm　④7 cm 4 mm

考え方 長さのたし算、ひき算の計算です。同じたんいどうしで、たしたり、ひいたりします。

18. 7 たし算と　ひき算(1)　18ページ

❶

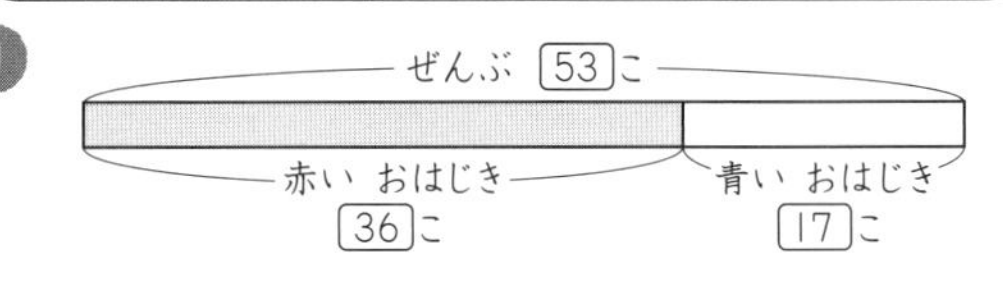

しき　36+17=53

答え　53 こ

❷

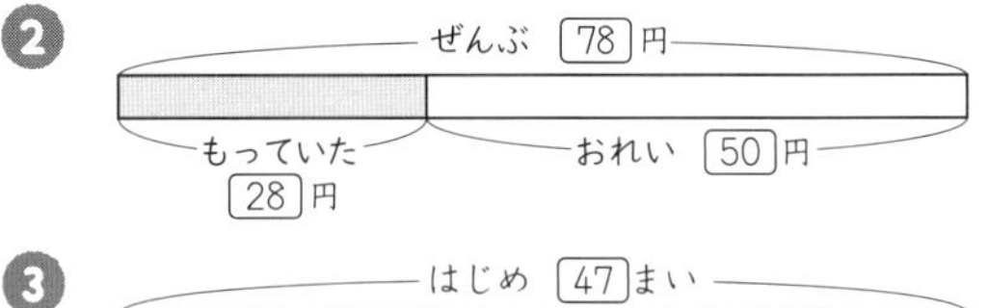

❸

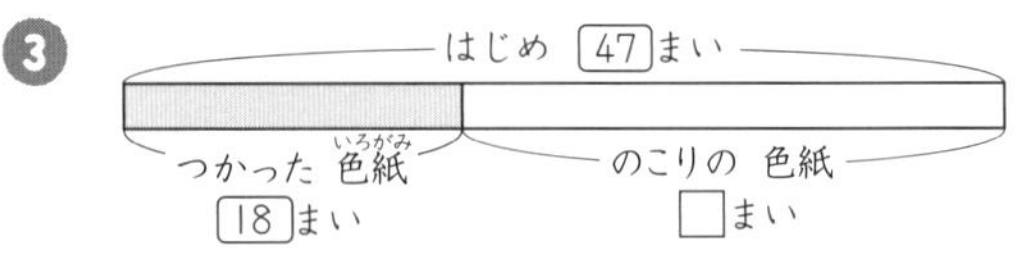

しき　47−18=29

答え　29 まい

考え方 文しょうで出されたもんだいでは、わかっていること、たずねられていることを考えて、図にあらわすと、わかりやすくなります。

19. 7 たし算と　ひき算(1)　19ページ

❶ ①

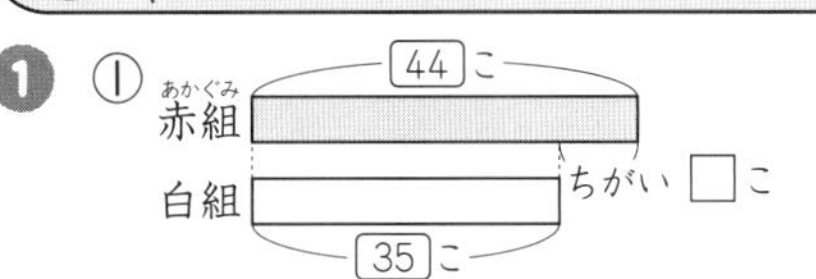

しき　44−35=9　答え　9 こ

②9こ

❷

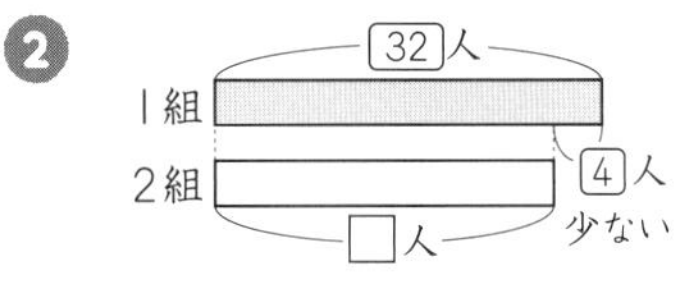

しき　32−4=28　答え　28 人

❸

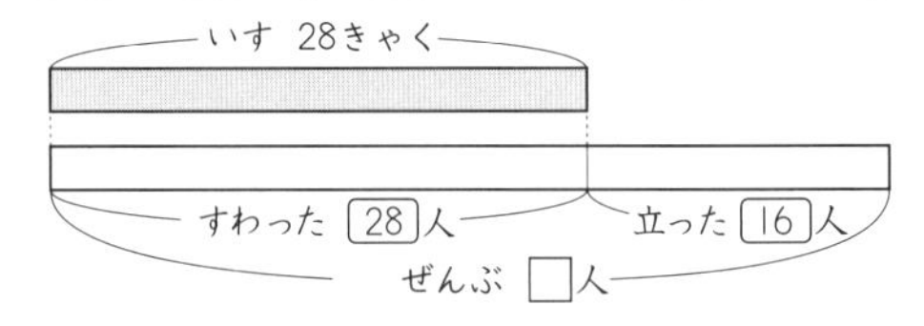

しき　28+16=44　答え　44 人

考え方 ❶、❷ 数のちがいを図にあらわして、もんだいをときます。
❸ いす28きゃくにすわっている人は28人ですから、これと立っている16人をたせば、さんかした人ぜんぶの人数がもとめられます。

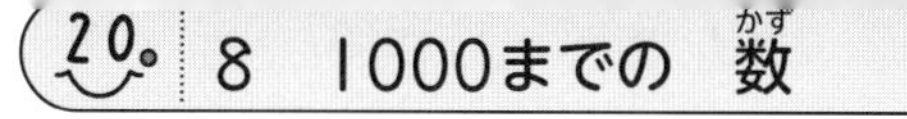

20. 8 1000までの 数（かず） 20ページ

❶ 347

❷ 253

❸ ①百二十四　②六百八十五
③三百十一　④七百七十七

❹ ①826　②753　③518

考え方 ❶ 100 のはこが 3 こ、10 のはこが 4 こ、ばらが 7 こあるから、347 こです。
❷ 100のたばが 2 こ、10 のたばが 5 こ、ばらが 3 本あるから、253 本です。
❸ ①124の100は一百とは書（か）きません。
❹ ②100 を 7 こで 700、10 を 5 こで 50、1 を 3こで 3、合（あ）わせて、753 です。

21. 8 1000までの 数 21ページ

❶ ①140、140　②304、304
③200、200

❷ ①六百五十　②百九十
③三百二　④七百

❸ ①650　②130
③205　④800

考え方 ❶ ①100 のはこが 1 こ、10 のはこが 4 こあるから、140 こです。ばらはないので、一のくらいは 0 です。
②100 のはこが 3 こ、ばらが 4 こあるから、304 です。10 のはこはないので、十のくらいは 0 です。
③100 のはこが 2 こあるから、200 です。10 のはことばらはないので、十のくらいと一のくらいは 0 です。

22. 8 1000までの 数 22ページ

❶ ①100　②1000

❷ ①995−996−[997]−998−999−[1000]
②750−760−[770]−780−790−[800]
③300−[400]−500−[600]−700−800

❸ ㋐835　㋑853　㋒887　㋓904

❹ ①970　②999　③700　④300

考え方 ❶ 10 が 10 こで 100、100 が 10 こで 1000 です。
❷ ②10 ずつふえています。
③100 ずつふえています。
❹ ①1000 は 100 が 10 こです。その 100 のはこの 1 こから 30 へらすと、70 になります。70 と 100 が 9 こを合わせると、970 になります。

23. 8 1000までの 数 23ページ

❶ ①1
②㋐10　㋑40　㋒1
㋓41　㋔41
③410

❷ ①74　②83　③30
④490　⑤670　⑥950

考え方 10 が 10 こで 100 になります。

24. 8 1000までの 数 24ページ

❶ ①7 [>] 3　②5 [<] 9

❷ ①

	百のくらい	十のくらい	一のくらい
1 年生	1	3	9
2 年生	1	2	1

② >

❸ ①263 [<] 507　②159 [<] 200
③343 [>] 323　④760 [>] 759
⑤824 [<] 842　⑥109 [>] 106

考え方 数の大きさをくらべて、>や<をつかって大小をあらわします。>や<のきごうは、ひらいているほうが大きいことをあらわします。
❷ 数の大きさをくらべるには、上のくらいからじゅんにくらべていきます。
❸ ①〜⑥はどれも 3 けたの数をくらべるので、百のくらい、十のくらい、一のくらいのじゅんに大きさをくらべていきます。
⑥ 百のくらいも十のくらいも同（おな）じなので、一のくらいの大きさをくらべます。

25。 8 1000までの 数 25ページ

1 ①110 ②140 ③130 ④150 ⑤110 ⑥110 ⑦70 ⑧90 ⑨80 ⑩90

2 しき 80+90=170 答え 170円

3 しき 140−60=80 答え 80円

考え方 何十のたし算・ひき算は、10がいくつと考えて計算します。

1 ①80+30は、10が8+3=11で、110です。

⑦120−50は、10が12−5=7で、70です。

2 合わせて何円かをもとめるので、たし算のしきをつくります。80+90は、10が8+9=17で、170です。

3 のこりをもとめるので、ひき算のしきをつくります。140−60は、10が14−6=8で、80です。

26。 8 1000までの 数 26ページ

1 514まい

2 ①6 ②45 ③670

3 ①396−397−$\boxed{398}$−399−$\boxed{400}$−401−402−$\boxed{403}$

②550−$\boxed{560}$−570−580−$\boxed{590}$−$\boxed{600}$−610−620

③$\boxed{300}$−400−500−$\boxed{600}$−700−$\boxed{800}$−900−$\boxed{1000}$

4 ①$485 \boxed{<} 507$ ②$643 \boxed{>} 634$

5 ①130 ②90

考え方 **3** ①1ずつ大きくなっています。

②10ずつ大きくなっています。

③100ずつ大きくなっています。

4 ①百のくらいをくらべると、5のほうが大きいので、$485 < 507$です。

②百のくらいは同じなので、十のくらいをくらべると、4のほうが大きいので、$643 > 634$です。

おうちのかたへ **5** 10がいくつと考えると、簡単に計算できます。

27。 9 大きい 数の たし算と ひき算 27ページ

1

① $\begin{array}{r} 64 \\ +53 \\ \hline \boxed{1}\boxed{1}\boxed{7} \end{array}$ ② $\begin{array}{r} 72 \\ +81 \\ \hline \boxed{1}\boxed{5}\boxed{3} \end{array}$ ③ $\begin{array}{r} 31 \\ +96 \\ \hline \boxed{1}\boxed{2}\boxed{7} \end{array}$

④ $\begin{array}{r} 85 \\ +33 \\ \hline 118 \end{array}$ ⑤ $\begin{array}{r} 92 \\ +20 \\ \hline 112 \end{array}$ ⑥ $\begin{array}{r} 75 \\ +54 \\ \hline 129 \end{array}$

2

① $\begin{array}{r} 45 \\ +74 \\ \hline 119 \end{array}$ ② $\begin{array}{r} 93 \\ +42 \\ \hline 135 \end{array}$

③ $\begin{array}{r} 50 \\ +87 \\ \hline 137 \end{array}$ ④ $\begin{array}{r} 43 \\ +82 \\ \hline 125 \end{array}$

考え方 たてにくらいをそろえて書き、一のくらい、十のくらいのじゅんに計算します。百のくらいにくり上がった1をわすれないようにします。

28。 9 大きい 数の たし算と ひき算 28ページ

1

① $\begin{array}{r} 89 \\ +43 \\ \hline {}^{1} \\ \boxed{1}\boxed{3}\boxed{2} \end{array}$ ② $\begin{array}{r} 27 \\ +93 \\ \hline {}^{1} \\ \boxed{1}\boxed{2}\boxed{0} \end{array}$ ③ $\begin{array}{r} 48 \\ +57 \\ \hline {}^{1} \\ \boxed{1}\boxed{0}\boxed{5} \end{array}$

④ $\begin{array}{r} 98 \\ +63 \\ \hline 161 \end{array}$ ⑤ $\begin{array}{r} 45 \\ +59 \\ \hline 104 \end{array}$ ⑥ $\begin{array}{r} 97 \\ +5 \\ \hline 102 \end{array}$

2

① $\begin{array}{r} 69 \\ +43 \\ \hline 112 \end{array}$ ② $\begin{array}{r} 4 \\ +96 \\ \hline 100 \end{array}$

③ $\begin{array}{r} 75 \\ +25 \\ \hline 100 \end{array}$ ④ $\begin{array}{r} 94 \\ +8 \\ \hline 102 \end{array}$

考え方 **1** ①一のくらいは、9+3=12で、十のくらいに1くり上がります。十のくらいは、8+4+1=13で、百のくらいに1くり上がります。

29。 9 大きい 数の たし算と ひき算 29ページ

1 ①800 ②1000 ③900 ④1000

2

① $\begin{array}{r} 214 \\ +9 \\ \hline 223 \end{array}$ ② $\begin{array}{r} 326 \\ +48 \\ \hline 374 \end{array}$

③ $\begin{array}{r} 789 \\ +5 \\ \hline 794 \end{array}$ ④ $\begin{array}{r} 138 \\ +2 \\ \hline 140 \end{array}$

⑤ 276 + 19 = 295　⑥ 432 + 48 = 480

考え方 ❷ ②一のくらいは 6+8=14 で、十のくらいに 1 くり上げます。十のくらいは、2+4+1=7、百のくらいは 3。

30. 9 大きい 数の たし算と ひき算 30ページ

❶
① 164 − 92 = 72
② 127 − 48 = 79
③ 110 − 36 = 74
④ 125 − 67 = 58

❷
① 156 − 94 = 62
② 168 − 74 = 94
③ 117 − 30 = 87
④ 161 − 73 = 88
⑤ 132 − 95 = 37
⑥ 150 − 82 = 68

考え方 百のくらいからと、十のくらいからと、くり下がりが 2 回あるひき算のひっ算まで出てきます。
❷ ①〜③は、一のくらいにくり下がりはありません。十のくらいにくり下がりがあります。④〜⑥は、一のくらいと十のくらいのりょうほうにくり下がりがあります。

31. 9 大きい 数の たし算と ひき算 31ページ

❶
① 105 − 67 = 38
② 102 − 35 = 67
③ 100 − 18 = 82
④ 103 − 5 = 98

❷
① 103 − 46 = 57
② 107 − 79 = 28
③ 105 − 68 = 37
④ 100 − 56 = 44
⑤ 100 − 34 = 66
⑥ 106 − 9 = 97

考え方 一のくらいを計算するとき、百のくらいからじゅんにくり下げます。

32. 9 大きい 数の たし算と ひき算 32ページ

❶ ①200　②300　③700

❷
① 371 − 8 = 363
② 452 − 39 = 413
③ 254 − 6 = 248

❸
① 821 − 7 = 814
② 392 − 64 = 328
③ 630 − 25 = 605

❹ ①501　②234

考え方 くり下がりに気をつけましょう。
❹ ①ひく数の 3 は、一のくらいに書きます。②十のくらいの計算がまちがっています。1 くり下げたので 7。その 7 から 4 をひいて、3 としなければいけません。4 をひくのをわすれています。

33. 9 大きい 数の たし算と ひき算 33ページ

❶ ①1000　②200　③300

❷
① 34 + 83 = 117
② 47 + 95 = 142
③ 85 + 35 = 120
④ 6 + 98 = 104
⑤ 527 + 8 = 535
⑥ 356 + 19 = 375
⑦ 134 − 82 = 52
⑧ 145 − 97 = 48
⑨ 107 − 38 = 69
⑩ 342 − 5 = 337

❸ しき 270−85=185　答え 185円

考え方 ❷ ⑦〜⑨一のくらい、十のくらい、百のくらいのじゅんに計算します。ひけないときは、上のくらいからくり下げます。そして、くり下げた 1 をわすれないように、ひいておきます。

おうちのかたへ　2 筆算では、位を縦にそろえて書きます。とくに、⑤~⑩のような3けたと1けた、3けたと2けたのように、けたが同じでないときにまちがえやすいので注意しましょう。

34. 時こくと時間(1)／たし算の　ひっ算　34ページ

1 ①60　②24　③12

2 ①午前7時5分　②45分間

3 ① $\begin{array}{r} 62 \\ +34 \\ \hline 96 \end{array}$ ② $\begin{array}{r} 27 \\ +46 \\ \hline 73 \end{array}$ ③ $\begin{array}{r} 57 \\ +28 \\ \hline 85 \end{array}$

④ $\begin{array}{r} 36 \\ +54 \\ \hline 90 \end{array}$ ⑤ $\begin{array}{r} 64 \\ +27 \\ \hline 91 \end{array}$ ⑥ $\begin{array}{r} 7 \\ +75 \\ \hline 82 \end{array}$

4 ①78　②96

考え方　2 時計の図を見て考えます。みじかいはりで何時、長いはりで何分を読みとりましょう。

おうちのかたへ　4 たし算では、たす順序を入れかえて計算できます。① は 17+23、② は 48+2 を先にすると、簡単な計算になります。

35. ひき算の　ひっ算／長さ(1)　35ページ

1 ① $\begin{array}{r} 82 \\ -17 \\ \hline 65 \end{array}$ ② $\begin{array}{r} 70 \\ -46 \\ \hline 24 \end{array}$ ③ $\begin{array}{r} 75 \\ -37 \\ \hline 38 \end{array}$

2 しき　36−19=17

答え　17こ

3 ①　4cm8mm　48mm

②　8cm5mm　85mm

4 ①38cm　②18cm

③7cm5mm　④4cm4mm

36. 1000までの　数　大きい　数の　たし算と　ひき算　36ページ

1 189本

2 ①580−590−600−610−620−630−640

②700−750−800−850−900−950−1000

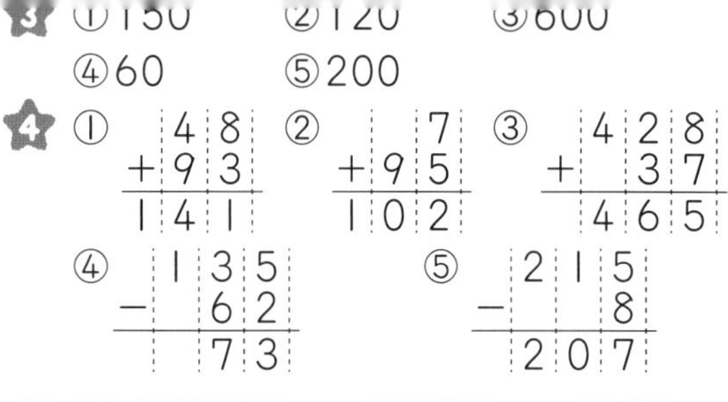

3 ①150　②120　③600

④60　⑤200

4 ① $\begin{array}{r} 48 \\ +93 \\ \hline 141 \end{array}$ ② $\begin{array}{r} 7 \\ +95 \\ \hline 102 \end{array}$ ③ $\begin{array}{r} 428 \\ +37 \\ \hline 465 \end{array}$

④ $\begin{array}{r} 135 \\ -62 \\ \hline 73 \end{array}$ ⑤ $\begin{array}{r} 215 \\ -8 \\ \hline 207 \end{array}$

考え方　2 ①10ずつふえています。

②50ずつふえています。

3 ①10が6+9=15で、150です。

④10が14−8=6で、60です。

37. 10　水の　かさ　37ページ

1 ①3L　②8L

2 ①4L　②5L

3 ①2　②7

考え方　水のかさをはかるのに、1L(リットル)ますをつかってはかります。

1 ①1Lます3ばい分で3Lです。

②1Lます8はい分で8Lです。

2 ①1Lます4はい分で4Lです。

②1Lます5はい分で5Lです。

3 ①1Lます2はい分は、2Lです。

②1Lます7はい分が7Lです。

38. 10　水の　かさ　38ページ

1 ①10dL　②1L

2 ①2L4dL　②24dL

3 ①6L2dL ＞ 5L7dL

②2L5dL ＝ 25dL

③61dL ＜ 6L3dL

考え方　1Lを同じように10に分けた1こ分のかさを1dL(デシリットル)といいます。

1 ①1dLます10ぱい分で10dLです。

②1L=10dLです。

2 ①この3Lますの小さな1目もりは、1Lを10に分けた1こ分だから、1dLです。入っている水のかさは、2L4dLです。

②2Lは20dLだから、24dLです。

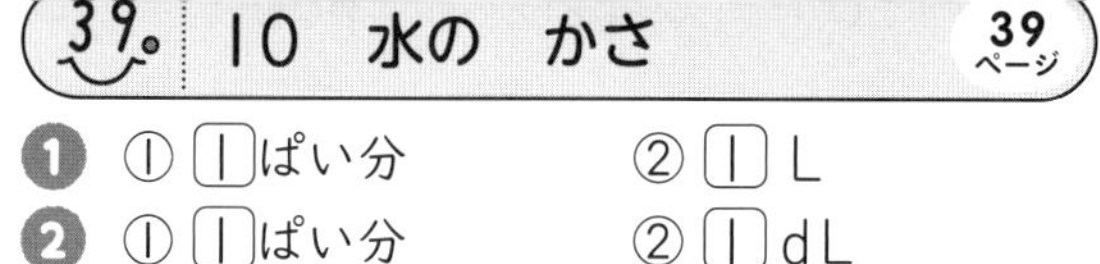

❶ ① [1]ぱい分　② [1]L

❷ ① [1]ぱい分　② [1]dL

❸ ① [10]dL　② [1000]mL
③ [100]mL　④ [1]L

考え方 1L=1000mL（ミリリットル）、1dL=100mL です。

40　10　水の　かさ　40ページ

❶ ① たすと [5]L
[3]L[5]dL＋[2]L[3]dL＝[5]L[8]dL
たすと [8]dL

答え　5L8dL

② ひくと [1]L
[3]L[5]dL－[2]L[3]dL＝[1]L[2]dL
ひくと [2]dL

答え　1L2dL

❷ ① [7]L　② [3]dL
③ [1]L[9]dL　④ [1]L
⑤ [9]L[2]dL　⑥ [3]L[8]dL

考え方 かさのたし算やひき算は、L や dL のたんいに分けて計算します。
❷ ⑤dL のくらいは、3+9=12。10dL=1L だから、1L くり上がります。L のくらいは、6+2+1=9 で 9L です。
⑥dL のくらいは、1 から 3 がひけないので、L のくらいからくり下げて、11−3=8 で 8dL。L のくらいは、1 くり下げたので、7−4=3 で 3L です。

41　11　三角形と　四角形　41ページ

❶ ① 三角形　② 四角形

❷ 三角形は　あ、か、け
四角形は　い、え、く

❸ ㋐へん　㋑ちょう点

考え方 ❷ お直線でないへんがあるので、三角形とはいえません。き きちんとかこまれていないので、四角形とはいえません。

42　11　三角形と　四角形　42ページ

❶ ① い　② か

❷ ① ×　② ○　③ ×　④ ○

❸

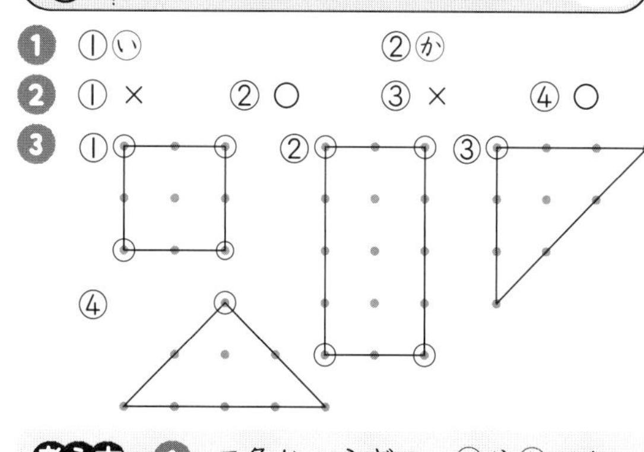

考え方 ❶ 三角じょうぎの、いやかのかどの形を直角といいます。

43　11　三角形と　四角形　43ページ

❶ ① 長方形　② へん

❷ いとえ

❸ 6cm　3cm　[3]cm　[6]cm

❹ ①　②

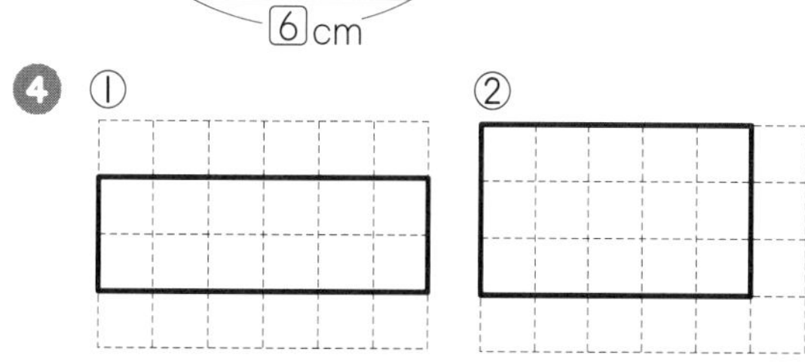

考え方 4 つのかどがすべて直角な四角形を、長方形といいます。長方形の、むかい合っているへんの長さは、同じです。

44　11　三角形と　四角形　44ページ

❶ ① 正方形　② かど

❷ ① ○　② ×　③ ○　④ ×

❸ ① 5　② 8

❹ ①

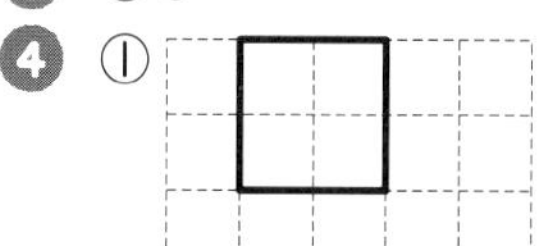

②

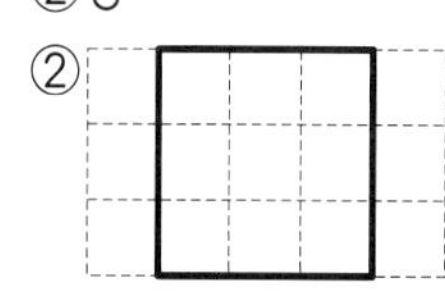

考え方 4 つのかどがすべて直角で、4 つのへんの長さがすべて同じ四角形を、正方形といいます。
❸ 正方形では、4つのへんの長さは同じです。

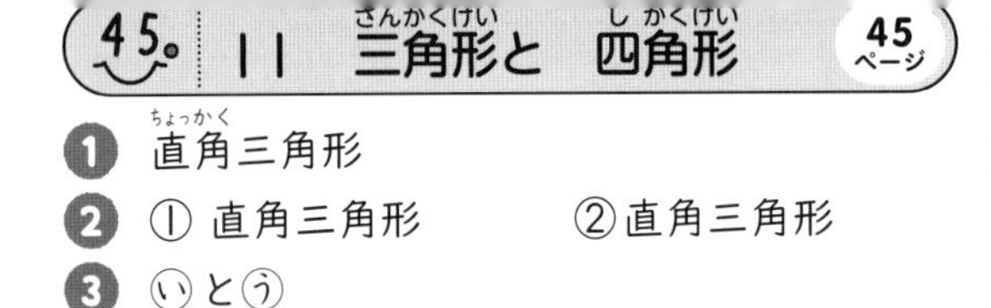

45 11 三角形と　四角形　45ページ

❶ 直角三角形

❷ ① 直角三角形　② 直角三角形

❸ ㋑と㋒

考え方 直角のかどがある三角形を、直角三角形といいます。
❷ ここでは、ただ三角形というのではなく、直角三角形と答えましょう。

46 12 かけ算(1)　46ページ

❶ ①(じゅんに)3、5、15
②(じゅんに)8、4、32
③(じゅんに)4、3、12

❷ (じゅんに)4、5、20
しき [4]×[5]=[20]

考え方 同じ数ずつのものがいくつあるかを考えます。
❶ ①りんご3こずつが5さら分です。
②ケーキ8こずつが4はこ分です。
③みかん4こずつが3ふくろ分です。

47 12 かけ算(1)　47ページ

❶ ① しき [4]×[3]=[12]
② しき [3]×[5]=[15]
③ しき [8]×[2]=[16]

❷ ① しき [6]×[7]=[42]
② [7]ばい　③ [42]こ

考え方 ❶ ①いちご4こずつが3さら分だから、4×3です。答えは、4+4+4=12ともとめられます。
②プリン3こずつが5さら分で、3×5です。答えは、3+3+3+3+3=15です。
③どんぐり8こずつが2ふくろ分で、8×2です。答えは、8+8=16です。
❷ ①チョコレート6こずつが7はこ分だから、6×7です。
②これを、6の7ばいといいます。
③答えは、6+6+6+6+6+6+6=42で42こです。

48 12 かけ算(1)　48ページ

❶ ①20　②35　③10
④45　⑤5　⑥40
⑦15　⑧30　⑨25

❷ ① しき [5]×[3]=[15]
答え [15]本
② しき [5]×[5]=[25]
答え [25]こ

❸ しき 5×8=40　答え [40]こ

考え方 5のだんの九九です。
❶ ①五四20 ②五七35 ③五二10
④五九45 ⑤五一が5 ⑥五八40
⑦五三15 ⑧五六30 ⑨五五25です。
❷ ①はな5本ずつが3たば分だから、5×3=15で、15本です。
②もも5こずつが5さら分だから、5×5=25で、25こです。
❸ おりづる5こずつが8人分だから、5×8=40で、40こです。

49 12 かけ算(1)　49ページ

❶ ①6　②14　③8
④2　⑤16　⑥10
⑦18　⑧4

❷ ① しき [2]×[4]=[8]
答え [8]こ
② しき [2]×[6]=[12]
答え [12]こ
③ しき [2]×[5]=[10]
答え [10]こ

考え方 2のだんの九九です。
❶ ①二三が6 ②二七14 ③二四が8
④二一が2 ⑤二八16 ⑥二五10
⑦二九18 ⑧二二が4です。
❷ ①みかん2こずつが4さら分だから、2×4=8で、8こです。
②あめ2こずつが6びん分だから、2×6=12で、12こです。

50 12 かけ算(1) 50ページ

❶ ①6 ②21 ③3
④24 ⑤9 ⑥15
⑦12 ⑧27 ⑨18

❷ ① しき [3]×[6]=[18] 答え [18]こ
② しき 3×4=12 答え [12]こ

❸ しき 3×8=24 答え [24]本

考え方 3のだんの九九です。
❶ ①三二が6 ②三七21 ③三一が3
④三八24 ⑤三三が9 ⑥三五15
⑦三四12 ⑧三九27 ⑨三六18です。
❷ ①りんご3こずつが6さら分だから、3×6=18で、答えは18こです。

51 12 かけ算(1) 51ページ

❶ ①24 ②36 ③8
④20 ⑤4 ⑥12
⑦32 ⑧16 ⑨28

❷ しき [4]×[6]=[24] 答え [24]こ

❸ しき 4×8=32 答え [32]cm

考え方 4のだんの九九です。
❶ ①四六24 ②四九36 ③四二が8
④四五20 ⑤四一が4 ⑥四三12
⑦四八32 ⑧四四16 ⑨四七28
❷ あめ4こずつが6ふくろ分だから、4×6=24で、24こです。

52 12 かけ算(1) 52ページ

❶ ①14 ②15 ③24
④27 ⑤4 ⑥40
⑦8 ⑧5 ⑨12
⑩10 ⑪28 ⑫45

❷ しき 3×8=24 答え [24]人

❸ しき 5×9=45 答え [45]cm

考え方 2のだん、3のだん、4のだん、5のだんの九九のまとめです。
❷ 子ども3人ずつが8そう分だから、3×8=24で、24人です。
❸ テープ5cmずつが9本分だから、5×9=45で、45cmです。

おうちのかたへ 九九は、すらすら言えるまで練習して覚えましょう。これから勉強していくかけ算のもとになりますから、ここでしっかり身につけましょう。

53 13 かけ算(2) 53ページ

❶ ①42 ②12 ③54
④6 ⑤30 ⑥48
⑦18 ⑧36 ⑨24

❷ 6

❸ ① しき [6]×[4]=[24] 答え [24]本
② しき 6×6=36 答え 36こ

考え方 6のだんの九九です。
❶ ①六七42 ②六二12 ③六九54
④六一が6 ⑤六五30 ⑥六八48
⑦六三18 ⑧六六36 ⑨六四24です。
❸ ①えんぴつ6本ずつが4たば分だから、6×4=24で、24本です。

54 13 かけ算(2) 54ページ

❶ ①21 ②56 ③28
④49 ⑤7 ⑥35
⑦14 ⑧42 ⑨63

❷ しき [7]×[2]=[14] 答え [14]日

❸ しき 7×4=28 答え 28さつ

考え方 7のだんの九九です。
❶ ①七三21 ②七八56 ③七四28
④七七49 ⑤七一が7 ⑥七五35
⑦七二14 ⑧七六42 ⑨七九63です。
❷ 7日ずつが2週間分だから、7×2=14で、14日です。
❸ 本7さつずつが4だん分だから、7×4=28で、28さつです。これを、4×7=28としてはまちがいです。

55 13 かけ算(2) 55ページ

❶ ①40 ②72 ③32
④16 ⑤56 ⑥64
⑦8 ⑧24 ⑨48

❷ しき [8]×[6]=[48] 答え [48]こ

③ しき 8×4=32　答え 32人

考え方 8のだんの九九です。
❶ ①八五40 ②八九72 ③八四32 ④八二16 ⑤八七56 ⑥八八64 ⑦八一が8 ⑧八三24 ⑨八六48です。
❸ 8人ずつが4はん分だから、8×4=32で、32人です。これを、4×8=32としてはまちがいです。

56. 13 かけ算(2)　56ページ

❶ ①18　②45　③81
④27　⑤63　⑥9
⑦36　⑧72　⑨54

❷ しき [9]×[5]=[45]　答え [45]cm
❸ しき 9×3=27　答え 27ひき

考え方 9のだんの九九です。
❶ ①九二18 ②九五45 ③九九81 ④九三27 ⑤九七63 ⑥九一が9 ⑦九四36 ⑧九八72 ⑨九六54です。
❷ テープ9cmずつが5人分だから、9×5=45で、45cmです。
❸ 魚9ひきずつが3はこ分だから、9×3=27で、27ひきです。

57. 13 かけ算(2)　57ページ

❶ ①4　②7　③5
④9　⑤1　⑥8

❷ ① しき [5]×6=[30]　答え [30]こ
② しき [3]×[6]=[18]　答え [18]こ
③ しき [1]×[6]=[6]　答え [6]こ
❸ しき [1]×[3]=[3]　答え [3]本

考え方 1のだんの九九です。
❶ ①一四が4 ②一七が7 ③一五が5 ④一九が9 ⑤一一が1 ⑥一八が8です。
❷ ①あめ5こずつが6人分だから、5×6=30で、30こです。
②みかん3こずつが6人分だから、3×6=18で、18こです。
③りんご1こずつが6人分だから、1×6=6で、6こです。

58. 13 かけ算(2)　58ページ

❶ しき 7×4=28　答え 28こ
❷ しき 10−6=4　答え 4こ
❸ しき 8+5=13　答え 13こ
❹ しき 2×4=8　答え 8さつ

考え方 ❶ いちご7こずつが4さら分だから、7×4=28で、28こです。
❷ 10こから6こへるから、10−6=4で、4こです。
❸ 8こと5こを合わせるから、8+5=13で、13こです。
❹ ノート2さつずつが4人分だから、2×4=8で、8さつです。

59. 13 かけ算(2)　59ページ

❶ ①18　②40　③42
④36　⑤14　⑥8
⑦42　⑧64　⑨24
⑩63　⑪7　⑫81

❷ しき 8×9=72　答え 72回
❸ しき 8×2=16　答え 16まい

考え方 ❶ 6のだん、7のだん、8のだん、9のだん、1のだんの九九です。
❷ 8回ずつが9まい分だから、8×9=72で、72回です。
❸ パン8まいずつが2ふくろ分だから、8×2=16で、16まいです。

おうちのかたへ ❶ 6~9の段の九九は、覚えにくいものが多いので、しっかり練習しましょう。
❷ 9×8=72という式を書くと、9枚ずつが8回分で、72枚という答えになってしまいます。注意しましょう。

60. 14 かけ算(3)　60ページ

❶ ①7　②8　③4
④7　⑤9

❷ ①3　②かけられる数
③0　④6　⑤9

考え方 ❶ かけ算では、かける数とかけられる数を入れかえて計算しても、答えは同じです。

❷ ①かけ算では、かける数が1ふえると、答えはかけられる数だけふえます。

④たとえば、2×3=6と4×3=12の答えをたすと、6+12=18。これは、6のだんの6×3=18の答えと同じになります。

61。 14 かけ算(3) 61ページ

❶ ㋐4 ㋑40 ㋒4
㋓44 ㋔4 ㋕48

❷ ①㋐2 ㋑2 ㋒8
㋓8 ㋔44
②㋕40 ㋖40 ㋗44

考え方 ❶ 4×12は、4のだんの九九をこえたかけ算なので、4×9=36から、答えを4ずつふやしていくと、4×10は36より4ふやして40、4×11は、4×10=40より4ふやして44、4×12は、4×11=44より4ふやして48となります。

❷ 11×4のかけ算のしかたを考えます。11を、①では9と2に、②では10と1に分けて考えます。

62。 14 かけ算(3) 62ページ

❶ ①(じゅんに)2、2、6、18 答え 18こ
②(じゅんに)4、24、2、6、18
答え 18こ
③(じゅんに)3、6、3、6、18
答え 18こ
④(じゅんに)3、18 答え 18こ

考え方 ❶ ①2つに分けて、あとからたします。

② あいているところをあとからひきます。

③2つに分けて、あとからたします。

④3つの●をうごかします。

63。 15 分数 63ページ

❶ (じゅんに)一、$\frac{1}{2}$、分数

❷ ①$\frac{1}{3}$ ②$\frac{1}{7}$ ③$\frac{1}{8}$ ④$\frac{1}{6}$

❸ ①9こ ②6こ ③3ばい

考え方 ❸ ③6×3=18だから、もとの数は、$\frac{1}{3}$の大きさの数のときの3ばいです。

64。 水の かさ/三角形と 四角形 64ページ

★1 ① しき 3L4dL+2L3dL=5L7dL
答え 5L7dL
② しき 3L4dL−2L3dL=1L1dL
答え 1L1dL

★2 ①4000mL ②6dL

★3 ㋐へん ㋑ちょう点

★4 長方形…ⓘ、ⓒ 正方形…ⓞ、ⓚ
直角三角形…ⓔ、ⓚ

考え方 ★1 かさのたし算、ひき算は、L、dLに分けて、それぞれを計算します。

★2 たんいを同じにして、大きさをくらべます。①4000mL=4L です。
②6dL=600mL です。

★3 それぞれの形のへんの長さ、かどの大きさにちゅういしてさがし出します。

おうちのかたへ ★2 1L=10dL、1L=1000mL、1dL=100mLの関係を覚えましょう。

★4 長方形は、四角形の中で、4つの角が直角のものです。また、4つの角が直角で4つの辺の長さが同じものを正方形といいます。三角形の中で、1つの角が直角のものを直角三角形といいます。よく覚えておきましょう。

65。 かけ算/分数 65ページ

★1 ①28 ②18 ③15
④18 ⑤8 ⑥48
⑦30 ⑧28 ⑨6
⑩45 ⑪35 ⑫18

★2 ㋐× ㋑○ ㋒× ㋓○ ㋔○

3 あ$\frac{}{4}$ い$\frac{}{8}$ う$\frac{}{2}$ え$\frac{}{2}$ お$\frac{}{8}$

考え方 2 ㋐4×3=12、㋒3×5=15です。
3 どの図も同じ大きさに分けていますので、いくつに分けられているかを考えます。

おうちのかたへ 1 かけ算九九は、よく練習して、すらすら言えるようにしておきましょう。
3 分数は1つを同じ大きさに分けたその1つ分をあらわす数ですから、まず、同じ形になっているかどうかを考えるようにします。

66 16 時こくと 時間(2) 66ページ

1 ①午前7時40分 ②午前8時
③午前7時

2 ①2時間 ②3時間
③午後1時 ④午後3時

考え方 2 ①9−7=2で、2時間です。
②7−4=3で、3時間です。
③午前10時の2時間後は10+2=12で、12時です。その1時間後は午後1時です。

67 17 10000までの 数 67ページ

1 ①

千のくらい	百のくらい	十のくらい	一のくらい
3	2	5	4

②

千のくらい	百のくらい	十のくらい	一のくらい
1	6	3	7

2 ①

千のくらい	百のくらい	十のくらい	一のくらい
2	3	1	0

②

千のくらい	百のくらい	十のくらい	一のくらい
3	7	8	0

③

千のくらい	百のくらい	十のくらい	一のくらい
6	5	0	0

④

千のくらい	百のくらい	十のくらい	一のくらい
1	0	8	0

考え方 2 たばやばらの紙がないくらいは、0を書きます。
④百のたばもばらもありませんから、百のくらいも一のくらいも0です。

68 17 10000までの 数 68ページ

1 ①5318 ②9600
③2007 ④8000

2 ①2835 ②8002
③5010
④(じゅんに)5、2、8、1

3 ①9000 ②4000

考え方 2 ③1000が5こで5000、10が1こで10。合わせて5010です。
3 ②100が10こで1000です。40こでは4000です。

69 17 10000までの 数 69ページ

1 ㋐7800 ㋑10000

2 ①7500 ②6300 ③10000

3 ①6390<6520 ②7535<7553

千	百	十	一
6	3	9	0
6	5	2	0

千	百	十	一
7	5	3	5
7	5	5	3

考え方 1 数の線の小さい1目もりは100です。
3 ② 7520 7530 7540 7550 7560
7535 7553

70 18 長さ(2) 70ページ

1 ①105cm ②1m5cm

2 ①1m40cm ②140cm

考え方 1m(メートル)という長さのたんいがでてきました。1m=100cmです。
1 30cmのものさしではかっています。30cmの3つ分で90cm。あと15cmで合わせて105cmです。100cm=1mだから、105cm=1m5cmです。

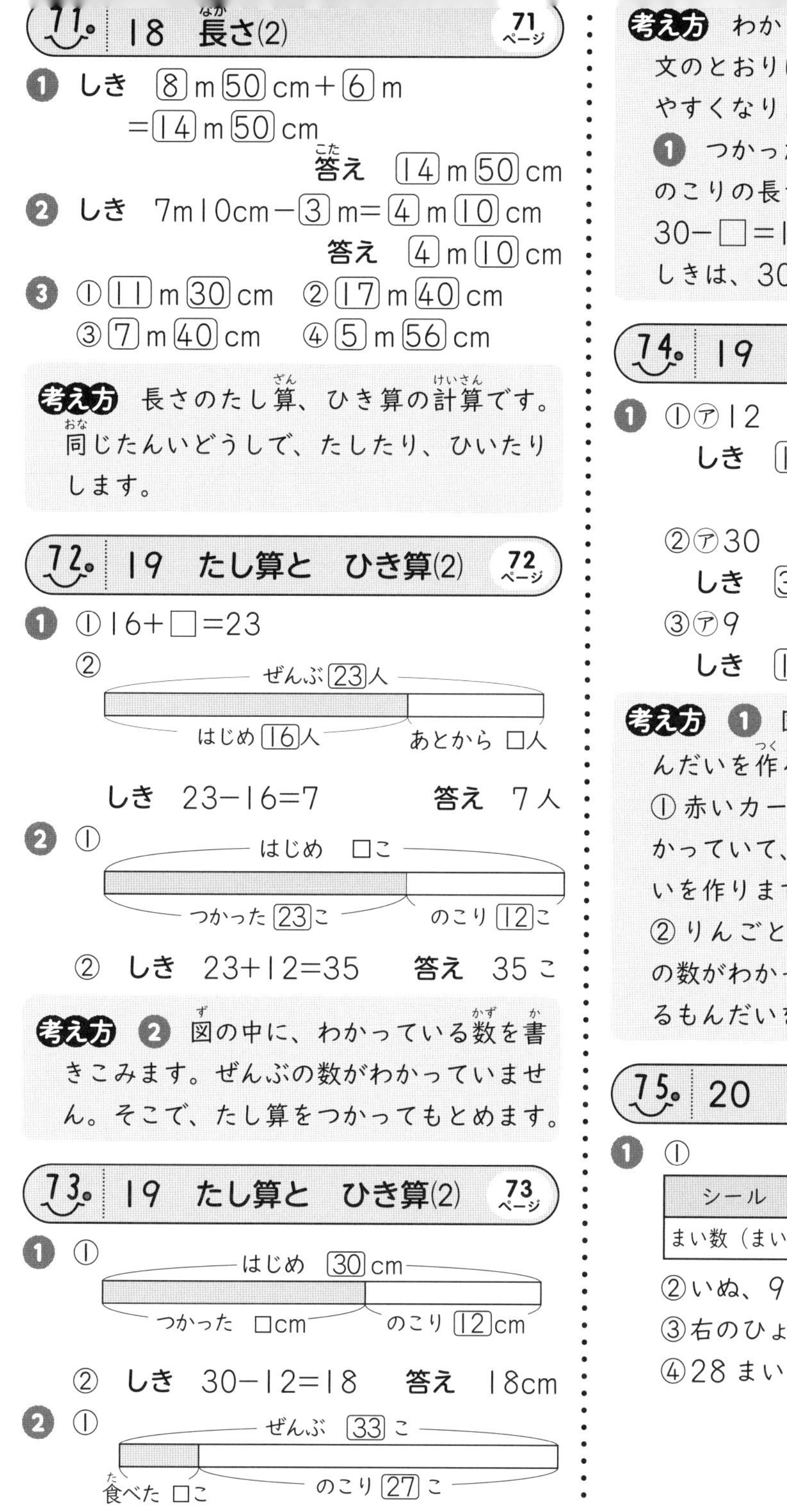

71 18 長さ(2) 71ページ

❶ しき 8m50cm＋6m
＝14m50cm
答え 14m50cm

❷ しき 7m10cm－3m＝4m10cm
答え 4m10cm

❸ ①11m30cm ②17m40cm
③7m40cm ④5m56cm

考え方 長さのたし算、ひき算の計算です。同じたんいどうしで、たしたり、ひいたりします。

72 19 たし算と ひき算(2) 72ページ

❶ ①16＋□＝23
②

しき 23－16＝7 答え 7人

❷ ①

② しき 23＋12＝35 答え 35こ

考え方 ❷ 図の中に、わかっている数を書きこみます。ぜんぶの数がわかっていません。そこで、たし算をつかってもとめます。

73 19 たし算と ひき算(2) 73ページ

❶ ①

② しき 30－12＝18 答え 18cm

❷ ①

② しき 33－□＝27
③ しき 33－27＝6 答え 6こ

考え方 わからない数を□にして、もんだい文のとおりに図をかくと、しきにあらわしやすくなります。
❶ つかったテープの長さを□cmとして、のこりの長さをもとめるしきを書くと、30－□＝12。つかった長さをもとめるしきは、30－12＝18です。

74 19 たし算と ひき算(2) 74ページ

❶ ①㋐12 ㋑16 ㋒何まい
しき 12＋16＝28
答え 28まい
②㋐30 ㋑13 ㋒何こ
しき 30－13＝17 答え 17こ
③㋐9 ㋑17
しき 17－9＝8 答え 8本

考え方 ❶ 図を見て、たし算やひき算のもんだいを作ることを考えます。
① 赤いカードと白いカードのまい数がわかっていて、ぜんぶの数をもとめるもんだいを作ります。
② りんごとみかんを合わせた数とりんごの数がわかっていて、みかんの数をもとめるもんだいを作ります。

75 20 しりょうの せいり 75ページ

❶ ①

シールの 数

シール	ねこ	ぶた	いぬ	うさぎ
まい数（まい）	6	5	9	8

②いぬ、9まい
③右のひょう
④28まい

シールの 数

○			
○	○		
○	○		
○	○	○	
○	○	○	○
○	○	○	○
○	○	○	○
○	○	○	○
○	○	○	○
いぬ	うさぎ	ねこ	ぶた

考え方 ❶ あつめたシールは、ねこ・ぶた・いぬ・うさぎの4つのしゅるいに分けられます。ねこからじゅんに数えていきましょう。数えたシールには、／か○のしるしをつけておきましょう。しるしをつけておくと、同じものを2回数えたり、数えなかったりすることをふせげます。
④は、①のひょうの数をたしてもとめます。6+5+9+8=28で、28まいです。

76. 21 はこの 形 （76ページ）

❶ ①㋒　②㋐
❷ ①面　②へん　③ちょう点
❸ ①6　②正方形

考え方 ❷ もんだいの図の、①が面、②がへん、③がちょう点です。
❸ さいころの形は、正方形からできています。

77. 21 はこの 形 （77ページ）

❶ ①㋐4　㋑4　㋒4
②8
❷ ①3、12　②8

考え方 ❶ はこの形には、同じ長さのへんが4本ずつあります。
❷ さいころの形は、どのへんも同じ長さです。

78. たし算の ひっ算 ひき算の ひっ算／長さ （78ページ）

★1 ①39　②61　③74
④156　⑤1300　⑥283
★2 ①34　②6　③7
④68　⑤600　⑥356
★3 ①2m35cm　②1cm8mm
③9cm2mm　④3m20cm

考え方 ★1、★2 ひっ算は、一のくらい、十のくらい、百のくらいのじゅんに計算します。くり上がり、くり下がりにちゅういしましょう。
★3 1m=100cm、1cm=10mmです。

79. 水の かさ／三角形と 四角形／かけ算 （79ページ）

★1 ① しき 1L5dL+1L8dL=3L3dL
答え 3L3dL
② しき 1L8dL−1L5dL=3dL
答え 3dL
★2 長方形……㋐
正方形……㋓
直角三角形……㋔
★3 ①28　②40　③27
④12　⑤36　⑥21
⑦36　⑧35　⑨4
⑩56

おうちのかたへ ★1 かさの計算は、同じ単位どうしをたしたり、ひいたりします。くり上がりに注意しましょう。
★2 長方形と正方形の違いに注意しましょう。

80. 分数／10000までの 数 たし算と ひき算 （80ページ）

★1 ①4063　②3076　③7000
④6000　⑤$\frac{1}{6}$
★2 ①

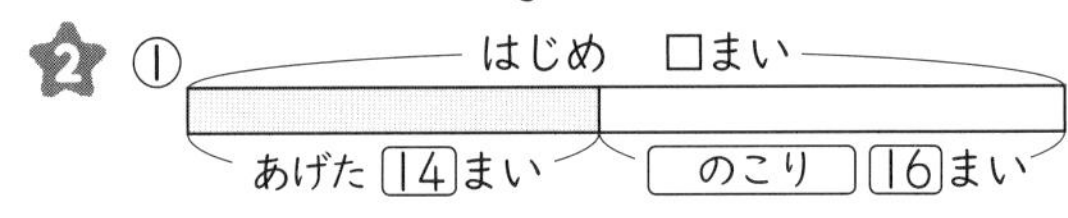

② しき 14+16=30
答え 30まい

考え方 ★1 ①1000が4こで4000、10が6こで60、1が3こで3。合わせて4063です。
⑤同じ大きさに6つに分けた1つ分は「六分の一」で、$\frac{1}{6}$と書きます。
★2 あげた数＋のこりの数＝はじめの数というしきになります。

おうちのかたへ ★2 文の問題を解くには、図にあらわすと、よくわかります。はじめの数を□枚として、のこりの枚数をもとめる式を書くと、□−14=16です。そこで、はじめの数は、14+16=30で、30枚です。